Thomas Frister (Hrsg.)

Moderne Reichsbahn

Diesel- und Elektrotriebfahrzeuge der DR in der Epoche des Traktionswechsels

EISENBAHN KURIER
VORBILD UND MODELL

EK-Verlag

Impressum

Titel: Vier Motive sollen stellvertretend die „moderne Reichsbahn“ repräsentieren:
Links oben: V 180 023 vom Bw Halle P hat im Juni 1968 mit dem Schnellzug Leipzig – Nürnberg Saalfeld/Saale verlassen und passiert den bei Eisenbahnfreunden gut bekannten Bohlen am Südrand der Stadt.
Aufnahme: Mag. Pharm. Alfred Luft
Rechts oben: Rund 28 Jahre bestimmten die ab 1966 aus der Sowjetunion importierten Dieselloks der Baureihe V 200 das Betriebsgeschehen der DR. Eine der Hochburgen war das Bw Gera, wo im Sommer 1988 gleich sechs „Taigatrommeln“ Aufstellung genommen haben.
Aufnahme: Thomas Frister
Links unten: Im mitteldeutschen Raum dominierten nach der Wiederelektrifizierung ab 1955 zunehmend elektrische Lokomotiven im Zugdienst. Vor dem Schuppen des Bw Halle P posieren im Sommer 1975 die neueste DR-Ellok 250 001 neben 244 124 und 242 115.
Aufnahme: Dieter Wünschmann
Rechts unten: Die Schnelltriebwagen der Bauart „Görlitz“ galten viele Jahre als Aushängeschild des DDR-Schienenfahrzeugbaus und bestachen nicht nur durch ihren zeitgemäßen Komfort, sondern auch durch ihr elegantes Äußeres. 175 015 steht im Sommer 1979 als Ext „Karlex“ in Leipzig Hbf.
Aufnahme: Detlef Hommel

Rücktitel: In den siebziger Jahren gehörten die „Taigatrommeln“ zu den wichtigen Lokomotiven im Güterzugdienst der DR. 120 025 legt sich am 18. Juni 1975 mit ihrem Nahgüterzug nach Göschwitz/Saale bei Rutha in die Kurve.
Aufnahme: Herbert Schneider

Bild rechts: 1965 wurde im Raw Dessau aus niederländischen Schadwagen ein moderner elektrischer Triebzug mit der Nummer ET 25 201 gebaut, aufgenommen am 17. Februar 1965 in Dessau.
Aufnahme: Hans Müller

ISBN: 3-88255-277-8

EK-Verlag – Postfach 500 111 – 79027 Freiburg

Bearbeitung/Gestaltung: Thomas Frister, Silvia Teutul
Druck und Verarbeitung: Stiehler Druck & media GmbH, Denzlingen

Inhaltsverzeichnis

Dresden Hbf am 5. Juni 1976: Die ab 1962 in Dienst gestellten E 42 (ab 1970: Baureihe 242) bewältigten über viele Jahre fast den gesamten Schnellzugdienst auf der Gebirgsstrecke Dresden – Reichenbach (Vogtl). 242 191 hat sich an den D 1484 (Breslau – Plauen) gesetzt, dahinter steht 242 182 am D 906 nach Erfurt. Beide Loks gehörten damals zum Bw Karl-Marx-Stadt. **Aufnahme: Hans-Joachim Lange**

Vorwort

Insgesamt neun Bildbände hat der Eisenbahn-Kurier in den vergangenen Jahren zum Thema „Deutsche Reichsbahn" verlegt. Namhafte Fotografen wie Günter Meyer, Georg Otte, Dieter Wünschmann und Günter Scheibe haben zur Freude vieler Eisenbahnfreunde ihre Aufnahmen der Öffentlichkeit zugänglich gemacht und dabei einer mittlerweile längst vergangenen Epoche in der deutschen Eisenbahngeschichte ein Denkmal gesetzt. Dass sich diese Bildbände zum absolut größten Teil mit der Dampflokomotive beschäftigten, ist nicht zufällig, schließlich hat deren Untergang im Traktionsgefüge der Eisenbahn erst dem Hobby Eisenbahn und damit auch der Eisenbahnfotografie zu einer regelrechten Massenbewegung verholfen.

Schon beim Erscheinen der bisherigen Bände war ein nicht zu übersehendes Interesse an den einst modernen und heute größtenteils wieder verschwundenen Baureihen der Diesel- und Elektrotraktion erkennbar. Schließlich gab der zuletzt erschienene Band „Dampflokparadies Deutsche Reichsbahn" den Anstoß, der modernen Traktion der Reichsbahn in der DDR einen ebenso repräsentativen Bildband zu widmen.

Am Beginn des 21. Jahrhunderts hat sich das Verhältnis vieler älterer Eisenbahnfreunde, also jener Generation, die mit der abtretenden Dampflok groß wurde, zur sogenannten „modernen Traktion" doch erheblich gewandelt: Die einst gemiedenen und auch verhassten neuen Baureihen, die den geliebten alten Dampfloks das Terrain streitig machten, waren nun auch wegen ihres Alters plötzlich von Interesse. Nicht zuletzt für die jüngeren Leser, die die letzten 01, 50 und 52 nur noch in dunkler Kindheitserinnerung haben, waren die V 180, die V 200 („Taigatrommeln"), später auch die V 100 und die Loks der V 300-Familie diejenigen Gattungen, die die Sympathie für die Eisenbahn erst richtig auslösten. Nicht zu vergessen sind jene Eisenbahnfreunde, die schon immer alles Neue mit besonderem Interesse verfolgten und den neugelieferten Fahrzeugen ihr Interesse widmeten.

Was also liegt näher, auch den Vertretern der modernen Traktion in einem Bildband ein würdiges Denkmal zu setzen, die im Zeitraum des Traktionswechsels bei der Deutschen Reichsbahn zwischen den sechziger und den achtziger Jahren so nachhaltig die Zugförderung bestimmten. Es ist auch die Zeit des heute so oft im Bild bewunderten Kontrastes zwischen der (noch) alten Eisenbahn in Gestalt klassisch alter Bahnanlagen und Wagen und den damals modernsten Lokomotiven. Besonders dieser Zeitraum, der spätestens Mitte der siebziger Jahre durch den Wandel im Wagenpark beendet war, ist bislang nur ungenügend in der Literatur bedacht worden.

Auch das Äußere und die Farbgebung der Lokomotiven hatten sich in den Jahren erheblich geändert. Viele der kleinen Rangierlokomotiven und Vorkriegstriebwagen, die DR-V 100 oder die zweiachsigen LVT wurden von zahlreichen Fotografen schlicht und einfach ignoriert. So manches schöne Motiv mit einer E 11 oder einer V 100 ist im Gegensatz zu den letzten 50^{35} oder 52^{80} nie oder nur zufällig entstanden.

Verlag und Herausgeber haben es sich deshalb zur Aufgabe gestellt, diesen Fahrzeugen in der Epoche des Traktionswechsels der DR einen repräsentativen Bildband zu widmen, wie es schon den Dampflokomotiven zuteil wurde. Dank gilt deshalb den Fotografen, die ihre (manchmal zufälligen), aber dafür oftmals sehr seltenen Bilder aus dieser Zeit zur Verfügung stellten, und Herrn Volker Lucas, der mit statistischen Daten half. Wie auch bei den anderen Bänden haben wir weitgehend auf Beschreibungen verzichtet, den einzelnen Kapiteln kurze Übersichtstexte vorangestellt und den Bildern den Vorrang eingeräumt. Von zahlreichen hier abgebildeten Fahrzeugen gibt es übrigens beim EK-Verlag Bücher aus der beliebten Baureihenbibliothek, denen in den kommenden Jahren noch weitere folgen werden. Bewusst haben wir den Kapiteln über die Neubautriebfahrzeuge der DR in einem Übersichtsbeitrag die wichtigsten Fahrzeuge der Diesel- und Elektrotraktion der Vorkriegszeit vorgestellt, gehörten diese ja ebenso zu den „Modernen" und waren zudem noch viele Jahre im Einsatz. Nicht berücksichtigt wurden in diesem Bildband die Fahrzeuge der Berliner S-Bahn, die einer geplanten eigenständigen Veröffentlichung vorbehalten bleiben.

Erinnert sei an dieser Stelle auch an das Wirken der Fachleute bei der DR, der Schienenfahrzeugindustrie und der Eisenbahner in den Bahnbetriebswerken und Ausbesserungswerken, die trotz der Zwänge der DDR-Planwirtschaft mit ihrem Erfindergeist und Improvisationsvermögen die Deutsche Reichsbahn zu einem Verkehrsunternehmen verhalfen, dass trotz vieler Unzulänglichkeiten und Zwängen durchaus ein Attribut verdiente: modern!

Verlag und Herausgeber im Mai 2000

Die „alten" Modernen

Die Deutsche Reichsbahn hatte im Gefolge des Zweiten Weltkrieges nur einen geringen Teil der vor 1945 beschafften Triebfahrzeuge der Diesel- und Elektrotraktion „geerbt". Sie spielten in den ersten Jahren nur eine untergeordnete Rolle. Die elektrischen Lokomotiven waren im Wege der Reparation mit der gesamten Ausrüstung des mitteldeutschen elektrifizierten Netzes in die Sowjetunion verbracht worden, und die vergleichsweise wenigen in der Sowjetischen Besatzungszone (SBZ) vorgefundenen Triebwagen und Diesellokomotiven (Kö I und Kö II sowie einige Wehrmachtsdiesselloks der Baureihen V 15, V 16, V 20, V 22 und V 36) standen größtenteils betriebsunfähig abgestellt.

Nach und nach wurde ein Teil der Triebwagen und Kleinlokomotiven wieder in Betrieb genommen, denen später auch einige Schnelltriebwagen für den wieder aufgenommenen internationalen Verkehr folgten. 1949 übernahm die DR noch zahlreiche Dieseltriebwagen und Kleinlokomotiven der verstaatlichten Privatbahnen – ein Erbe,

Die wenigen nach dem Zweiten Weltkrieg bei der DR verbliebenen zweiachsigen DRG-Nebenbahntriebwagen wurden wieder in Betrieb genommen, teilweise liefen sie noch zehn Jahre nach Kriegsende im alten dunkelgrünen Anstrich; VT 135 109 im Sommer 1956. **Aufn.: Georg Otte/EK-Verlag**

(Wieder-) Aufnahme des elektrischen 15-kV-, 16-2/3-Hz-Betriebes bei der DR nach fast zehnjähriger Pause am 1. September 1955 zwischen Köthen und Halle/Saale. Die wieder instandgesetzte E 44 051 zog den Eröffnungszug. **Aufnahme: EK-Archiv**

über das die DR alles andere als glücklich war, denn neben den Bauartunterschieden waren auch diese Fahrzeuge zum Großteil betriebsunfähig und bereiteten später bei der Unterhaltung erhebliche Probleme. Rund 90 Triebwagen, der Großteil davon zweiachsige Fahrzeuge, reihte die DR in ihr Nummernschema ein. Während ein Teil der zweiachsigen Triebwagen noch recht lange in Betrieb blieb, verschwanden die vierachsigen Einzelgänger bis Ende der sechziger Jahre.

Nachdem die Sowjetunion im Jahr 1952 den Großteil der 1946 erbeuteten elektrischen Lokomotiven wieder zurückgab, wurde mit Hochdruck an der Wiederaufnahme des elektrischen Betriebes gearbeitet, der mit 14 generalinstandgesetzten E 44 am 1. September 1955 zwischen Köthen und Halle/Saale aufgenommen werden konnte. Bis zum Jahr 1961 konnte das Raw Dessau einen Großteil der zurückgegebenen Lokomotiven der Baureihen E 04 (14) , E 05 (1), E 17 (2), E 18 (3), E 21 (2), E 44 (46), E 77 (10), E 94 (23) und E 95 (3) wieder aufbauen, insgesamt 104 Fahrzeuge.

Auch auf dem Sektor der Triebwagen stabilisierte sich die Lage; nach und nach wurden zahlreiche abgestellte oder kriegsbeschädigte Fahrzeuge wieder in Betrieb genommen, die wegen des akuten Mangels an Ausbesserungskapazitäten in den Dampflok-Raw wieder einen Teil des Betriebes auf Nebenbahnen übernehmen mussten. Selbst die wenigen in der SBZ verbliebenen Akkumulatorentriebwagen der Serie AT 581 ff. der Baujahre ab 1926 wurden nach einem zwischenzeitlichen Einsatz als Reisezugwagen infolge der verbrauchten Batterien wieder in Dienst gestellt und konnten noch ein reichliches Jahrzehnt im Betrieb beobachtet werden.

Die sogenannten „Altbaufahrzeuge" aller Baureihen standen schließlich über einen Zeitraum im Dienst, der nach den ursprünglichen Planungen überhaupt nicht vorgesehen war. Grund dieser Langlebigkeit waren einerseits die nicht aufgegangenen Planungen bei der Beschaffung moderner Fahrzeuge aus der DDR-Produktion. Wie auch bei den DR-Neubaudampflokomotiven gelang es der Industrie aus einer Vielzahl von Gründen nicht, die geplanten Stückzahlen der neuen Fahrzeuge zu liefern. Nicht voraussehbare Probleme verlängerten andererseits den Zeitraum bis zur Serienreife der Fahrzeuge. Die in der Literatur oft beschriebenen Probleme mit den neuen Motoren brachten bei den Dieseltriebfahrzeugen die gesamte Planung der DR durcheinander. Beispielsweise dauerte es fast sechs Jahre, bis der 1957 vorgestellte Baumuster-LVT endlich in Serie gebaut werden konnte!

Die wenigen bei der DR verbliebenen Akku-Triebwagen fanden zunächst nach dem Verbrauch ihrer Batterien als Reisezugwagen Verwendung und wurden erst in den fünfziger Jahren wieder instandgesetzt. Bis 1968 kamen die vier Triebwagen auf Nebenstrecken in Westthüringen zum Einsatz und wurden wenig später abgestellt. AT 613/614 konnte ein Jahr vor seiner Abstellung (6. Mai 1968) im Sommer 1967 in Gotha fotografiert werden. Das Fahrzeug macht trotz seines Alters einen gepflegten Eindruck, und die freundlichen Gothaer Eisenbahner haben gegen ein Erinnerungsbild offenbar nichts einzuwenden.

Aufnahme: Dieter Wünschmann

Auch drei der ursprünglich sechs vorhandenen Lokomotiven der Baureihe E 95 nahm die DR nach der Rückkehr aus der Sowjetunion und nach einer anschließenden Generalreparatur im Raw Dessau wieder in Betrieb. Die gewaltigen Doppellokomotiven standen aber nur wenige Jahre im Betriebsdienst. Bereits 1969 wurden sie abgestellt. E 95 03 konnte 1968 noch einmal auf der Fahrzeugausstellung in Radebeul gezeigt werden. E 95 02 wurde nach der Ausmusterung als Weichenheiztrafo in Halle/Saale verwendet und ist noch heute als Museumslokomotive vorhanden.

Aufnahme: Georg Otte/EK-Verlag

Die ersten der ab 1955 instandgesetzten Altbau-Elloks mussten schon ab Mitte der sechziger Jahre ihren Dienst quittieren, als die Neubau-Elloks der Baureihen E 11/E 42 die Einzelgänger-Gattungen E 05, E 21, E 17, E 21, E 77 und E 95 überflüssig machten. Die moderneren Lokomotiven der Vorkriegszeit mit den Federtopf- und Tatzlagerantrieben der Baureihen E 04, E 18, E 44 und E 94 waren erstaunlicherweise noch lange in Betrieb. Zuerst trennte sich die Deutsche Reichsbahn im Jahr 1976 von den Loks der Baureihe E 04, denen erst 1990 die E 94 und ein Jahr später die letzten E 44 folgten. Deren „langes Leben" war letztlich dem Umstand geschuldet, dass das Ende der siebziger Jahre beschlossene Elektrifizierungsprogramm mit einem permanenten Triebfahrzeugmangel einherging, der auch nicht durch die massenweise Beschaffung der Baureihe 243 kompensiert werden konnte.

Auch die Triebwagen aus der Vorkriegszeit mussten länger als ursprünglich geplant durchhalten, weil die ehemals im Beschaffungsprogramm vorgesehenen vierachsigen Neubautriebwagen – mit Ausnahme der zwei Baumuster – nicht in Serie produziert wurden und die Lieferung der zweiachsigen LVT im Jahr 1969 auslief. Zum Zeitpunkt der Umzeichnung aller Fahrzeuge auf die EDV-gerechten Nummern im Jahr 1970 standen der DR noch 23 betriebsfähige VT 137 und 22 betriebsfähige VT 135 zur Verfügung – die Anzahl der buchmäßig umgezeichneten Fahrzeuge lag weit höher. Bis 1975/76 waren die alten Triebwagen noch anzutreffen, verschiedene Beiwagen überlebten bis in die späten achtziger Jahre als Dienstfahrzeuge.

Sprichwörtlich unverwüstlich hingegen zeigten sich die in den dreißiger Jahren gebauten Kleinloks und deren Nachbauten der Leistungsklasse II, die trotz ihres Alters auch noch ausgangs der achtziger Jahre in beachtlichen Stückzahlen anzutreffen waren. Sie machten sich noch immer auf vielen kleinen Bahnhöfen, im Bw-Verschub und anderswo nützlich, während die ersten V 60 oder V 15 bereits in den Ausmusterungslisten geführt wurden ...

Die letzten Altbauelloks

Oben links: Zu den Splittergattungen, die nach der Rückkehr aus der Sowjetunion wieder aufgebaut wurden und zumindest für einige Zeit unbedingt benötigt wurden, gehörten die beiden mit Federtopfantrieb ausgerüsteten E 21 01 und E 21 02. Sie fielen nicht nur durch ihre außergewöhnliche Achsfolge 2' Do 1' auf, sondern auch noch durch die unterschiedliche Ausführung der beiden Führerstände (vorne ohne, hinten mit Vorbau). Das Bild zeigt E 21 01 nach der Wiederindienststellung im Jahr 1959 im Raw Dessau.
Aufnahme: Leyer

Oben rechts: Wieder aufgebaut wurde 1961/62 im Raw Dessau für das Verkehrsmuseum Dresden E 71 30, eine 1921 als „EG 530 Halle" in Dienst gestellte B'B'-Lokomotive. Das Bild zeigt die Lok 1962 nach der Ankunft im Bw Dresden-Pieschen.
Aufnahme: Georg Otte/EK-Verlag

Links: Stellvertretend für alle nicht wieder aufgebauten elektrischen Lokomotiven dokumentiert dieses Bild das bevorstehende Ende der Lokomotive E 21 51, die noch 1967 kurz vor der Verschrottung in Magdeburg-Buckau im Bild festgehalten wurde. Auch sie kehrte 1952 aus der Sowjetunion zurück und stand noch 15 Jahre als Schrott auf den Abstellgleisen.
Aufnahme: Helmut Constabel

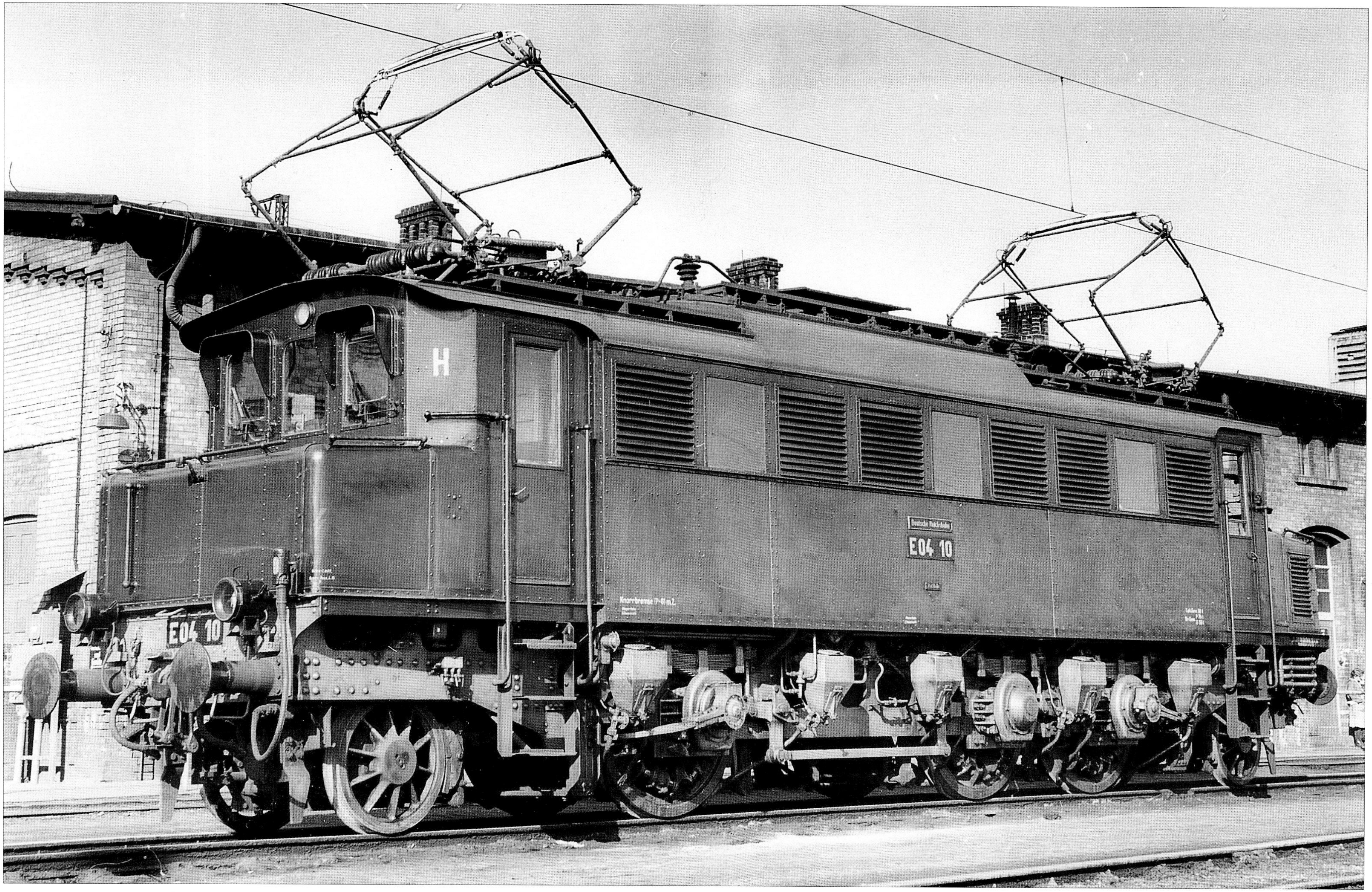

Ausgesprochen gepflegt zeigt sich E 04 10 im Sommer 1968 dem Fotografen im Bw Leipzig Hbf West. Gut erkennbar die asymetrisch angeordneten Radsätze. **Aufnahme: Dieter Wünschmann**

Links: Zu den planmäßigen Einsatzstrecken der Leipziger E 04 gehörte bis zum Ende ihres Einsatzes die Saalebahn bis Camburg, wo von 1967 bis 1995 der Fahrdraht des elektrischen DR-Netzes endete. Im April 1972 ist dort 204 014 mit einer für damalige Zeiten typischen Zuggarnitur aus sechs Rekowagen der Gattung Bage eingefahren und wird in Kürze den Zug an eine Lok der Baureihe 41 übergeben, die den P 4005 bis Saalfeld befördern wird.
Aufnahme: Günter Scheibe

Rechts: Nicht gerade typisch, aber bei der DR mussten auch E 04 im Güterzugdienst aushelfen. Für die schnellen Containerzüge der DR schienen auch sie zu taugen, beim Anblick des langen Zuges, aufgenommen in Engelsdorf, dürfte die ursprünglich für den Schnellzugdienst gebaute 204 011 aber an ihrer Leistungsgrenze angelangt sein. Aufgenommen wurde dieses Bild im Jahr 1972.
Aufnahme: Gerhard Greß

Rechts: 204 002 ist im August 1975 mit dem P 4005 nach Saalfeld in den hübschen Haltepunkt Leipzig-Möckern eingefahren, dessen Fußgängerbrücke auch gleich die Uhr trägt – für Modellbahner sicherlich eine willkommene Anregung zur Nachgestaltung. Bereits ein Jahr später endete bei der DR der Einsatz der E 04.
Aufnahme: Dieter Wünschmann

Links: Für den abendlichen P 4009 von Leipzig nach Saalfeld musste sich dieselbe E 04 des Bw Leipzig Hbf West schon mehr ins Zeug legen. Ein Postwagen – heute bei der Eisenbahn ein Fremdwort – eine Doppelstockeinheit und fünf Rekowagen forderten die betagte Ellok zwar nicht bis zur Leistungsgrenze, aber die Höchstgeschwindigkeit von 90 km/h und die vielen Haltebahnhöfe bedeuteten für die Maschine dennoch viel Arbeit. Aufgenommen wurde der Zug im September 1973 beim Verlassen des Leipziger Hauptbahnhofs.
Aufnahme: Dieter Wünschmann

Oben: Eines der Haupteinsatzgebiete der E 04 war die Strecke Leipzig – Halle – Magdeburg. In Magdeburg Hbf konnte im Sommer 1967 E 04 14 vor einem Schnellzug angetroffen werden. Hinter der Lok einer der wenigen Doppelstockgepäckwagen, die zu den fünfteiligen Doppelstockgliederzügen passten. Gut lesbar auch die letzte Bremsuntersuchung der Lok: Sie erfolgte am 16. Juni 1967 im Raw Dessau.

Rechts: Letzte Vorbereitung zur Abfahrt eines Personenzuges nach Leipzig in Magdeburg Hbf im Frühjahr 1967. Lok- und Zugführer haben die Bremsprobe erledigt, die Reisenden sind längst eingestiegen, und E 04 16 wird in Kürze abfahren. Damals wurde noch – wie auch in der Vorkriegszeit – mit beiden aufgebügelten Stromabnehmern gefahren. Das änderte sich erst später mit der Verwendung neuer Stromabnehmer.
Aufnahmen: Helmut Constabel

Rechts: Auch der P 458 von Leipzig nach Magdeburg Hbf über Halle/Saale gehörte im Jahr 1975 zu den Planleistungen der E 04. Am 4. Mai 1975 ist der aus sechs Bghw-Wagen und einem dreiachsigen Reko-Postwagen gebildete Zug im Haltepunkt Leipzig-Wahren eingetroffen. Die Zuglok 204 010 ist an der Stirnseite mit den obligatorischen Fähnchen geschmückt, die die DR-Lokomotiven in den Tagen um den 1. Mai („Kampf- und Feiertag der Arbeiterklasse") meistens trugen.
Aufnahme: Sammlung Detlef Hommel

Links: Mit diesem langen Gex-Zug aus Magdeburg war 204 014 im Sommer 1975 sicherlich voll gefordert. Der 14-Wagen-Zug, der aus einem Liegewagen (wahrscheinlich zur Überführung ins Raw Delitzsch), Post-, Gepäck-, Expressgut- , Container- und anderen Wagen bestand, dürfte gut 340 t Gewicht haben und wurde in Leipzig-Mockau aufgenommen. Am Schluß des Zuges ein E 5-Mitteleinstiegwagen, der sicherlich auch zur Überführung ins Raw im Zugverband mitläuft. Das Bild beweist, dass in den siebziger Jahren auch ohne Dampflokomotiven höchst interessante Motive fotografiert werden konnten.
Aufnahme: Dieter Wünschmann

Acht Jahre nach dem offiziellen Abschied der E 04 aus dem Plandienst war die DR-Museumslok E 04 01 oft der Star von Sonderzügen. Am 27. April 1984 hatte die Maschine die Ehre, den historischen „Rheingold" anlässlich einer Sonderfahrt in Reichenbach zu bespannen. Die Hinfahrt wurde als Vorspannleistung am E 765 genutzt. Rechts die Anlagen des ehemaligen Bw Leipzig Nord. **Aufnahme: Michael Malke**

Links: Die beiden E 18 des Bw Halle P standen in den achtziger Jahren nur selten im Planeinsatz, dafür nutzte sie die VES-M Halle für Mess- und Versuchsfahrten. Ein solcher Messzug zur Erprobung eines Güterwagens konnte im Juni 1985 nahe Erfurt-Bischleben im Bild festgehalten werden. Hinter der Lok der Messwagen.
Aufnahme:
Dr. Winfried König

Rechts: Insgesamt drei Lokomotiven der Baureihe E 18 nahm die DR ausgangs der fünfziger Jahre wieder in Betrieb. Die 150 km/h schnellen und mit Federtopfantrieb ausgerüsteten, eleganten Maschinen galten bei ihrem Erscheinen im Jahr 1935 als die modernsten und leistungsfähigsten elektrischen Schnellzuglokomotiven in Deutschland. 218 031 steht im September 1971 im Vorfeld des Leipziger Hauptbahnhofs. Gut sichtbar an der Seite des Lokkastens die ovale Plakette, die die Maschine als Lok der VES-M Halle ausweist.
Aufnahme: Gerhard Greß

Oben links: Als Wendelok des Bw Halle P steht E 18 40 im August 1968 im Vorfeld des Erfurter Hauptbahnhofs. Ein Jahr später, am 28. August 1969, wurde die Maschine beim spektakulären Zusammenstoß mit E 42 073 in Großkorbetha so stark beschädigt, dass sie ausgemustert und zerlegt werden musste. Damals befand sich die gerade auf 180 km/h Höchstgeschwindigkeit umgebaute Schnellfahrlok als Vorspannlok der E 11 004 mit einem Schnellzug auf der Fahrt nach Erfurt und prallte mit 100 km/h auf die als Lz im Gleis stehende E 42. Damit währte das zweite Leben der erst 1960 wieder in Dienst gestellten E 18 40 nur neun Jahre.
Aufnahme: Michael Malke

Rechts: In Magdeburg Hbf hat im April 1973 218 019 neben der Oscherslebener 64 1354 Aufstellung genommen. Die auf 180 km/h Höchstgeschwindigkeit umgebaute Schnellfahrlok wurde in den siebziger Jahren häufig planmäßig im normalen Zugdienst eingesetzt.
Aufnahme: Detlef Hommel

Oben: Dritte der in den Jahren 1958/1960 wieder in Dienst gestellten Maschinen dieser Baureihe war E 18 31, die am 20. Februar 1982 ausnahmsweise vor dem P 3003 (Halle – Saalfeld) eingesetzt wurde. Am Vormittag dieses Sonntags ist der P 3003 gerade in Camburg eingetroffen und neben 41 1125, die den Zug weiter befördern wird, unter der damals noch vorhandenen Signalbrücke zum Halten gekommen.
Aufnahme: Thomas Frister

Rechts: Auf dem Weg von Saalfeld nach Leipzig ist am 23. Mai 1986 P 4004 nahe der Ortschaft Stöben unterwegs. Ausnahmsweise wurde der Zug an diesem Tag mit 244 131 bespannt. In Kürze wird er den Abzweig „Saaleck" erreichen, wo die Saalebahn auf die „Magistrale" (Erfurt – Weißenfels – Halle/Leipzig) mündet.
Aufnahme: Thomas Frister

Links: Gleich zwei E 44 stehen im Mai 1976 im thüringischen Bahnhof Altenburg vor diesem langen Kohlezug. 244 130 und 244 069 werden aber keine große Mühe mit ihm haben, denn es ist ein leerer Kohlependel, der zu den Tagebauen nördlich der bekannten deutschen „Skatstadt" (hier saß das Skatgericht) rollen wird. Auf die robusten Bo'Bo'-Drehgestelllokomotiven mit Tatzlagerantrieb konnte die DR bis 1991 nicht verzichten. Als „Mädchen für Alles" gilt sie als eine der erfolgreichsten deutschen Ellok-Konstruktionen.
Aufnahme: Dieter Wünschmann

Oben links: Die Porträtaufnahme von 244 127, aufgenommen im September 1980 in Leipzig. Das Erscheinungsbild der 1930 erstmals gebauten Drehgestelllokomotiven wird ganz wesentlich durch die Vorbauten und das über die drei Stirnfenster vorgezogene Dach bestimmt.
Aufnahme: Dieter Wünschmann

Oben rechts: E 44 113 ist am schneereichen 16. Februar 1969 mit einem Leerwagenzug bei Dessau Süd unterwegs.
Aufnahme: Hans-Joachim Lange

Rechts: Der Reisezugdienst im mitteldeutschen elektrifizierten Netz war ohne die E 44 nicht denkbar. Im Mai 1974 hat 244 044 mit diesem aus 14 Wagen gebildeten Personenzug aus Bitterfeld kommend die Anlagen des Bw Leipzig Hbf West erreicht und wird gleich im größten Kopfbahnhof Europas ankommen.
Aufnahme: Dieter Wünschmann

Oben links: „Parade der Eisenschweine" hat Fotograf Dieter Wünschmann auf die Rückseite dieses Bildes geschrieben. Letztes Einsatz-Bw der E 94 der DR wurde das Bw Engelsdorf. Im dortigen Güterbahnhof haben im September 1983 die drei Lokomotiven 254 021, 254 040 und 254 056 Aufstellung genommen.

Oben rechts: Auch ein Güter-Expressgutzug (Gex) von Leipzig nach Dresden gehörte im Jahr 1982 zu den Aufgaben der Engelsdorfer 254. In der Vormittagssonne eines Julitages macht sich 254 082 in Leipzig Hbf auf den Weg in die Elbestadt. Hinter der Lok ein Postwagen, den die DR im Rahmen eines Importauftrages aus Jugoslawien beschaffte.

Links: Reichlich 3.000 t schwer dürfte dieser aus fast 40 voll beladenen Kohlewagen bestehende Ganzzug gewesen sein, den 254 056 im Frühjahr 1984 am Haken hat. Die Anfahrgeräusche des „Eisenschweines" werden dem Lokführer noch heute in den Ohren klingen …
Alle Aufnahmen: Dieter Wünschmann

Abfahrbereit in Richtung Karl-Marx-Stadt warten in Glauchau am 9. Mai 1976 254 059 und 254 114, während aus Gera kommend gerade 58 3040 in den westsächsischen Güterbahnhof einfährt.
Aufnahme: Thomas Frister

Zugbegegnung nahe dem Abzweig Bogendreieck zwischen Werdau und Zwickau. Hier treffen aus Süden kommend die Strecke aus Hof – Reichenbach (Vogtl), aus Norden kommend die Strecke aus Leipzig und aus östlicher Richtung die Hauptstrecke von Dresden zusammen. An diesem Knotenpunkt der „LH"- und der „DW"-Linie (in Sachsen wurden die Strecken traditionell mit Abkürzungen bezeichnet) herrschte früher ein unglaublich reger Zugverkehr.

Zwischen dem Haltepunkt Steinpleis und dem westlichen Blocksignal der nach Zwickau verlaufenden Strecke entstanden diese Bilder vom 31. Juli 1986. Die Engelsdorfer 254 066 hat mit ihrem täglich verkehrenden Rohbraunkohlezug ihren Zielbahnhof Zwickau Hbf fast erreicht, während ihr auf dem Gegengleis auf der Fahrt nach Werdau 250 211 begegnet.
Aufnahmen: Thomas Frister

Oben links: Dieser Torso ist der Rest der elektrischen Lokomotive E 50 42 (EP 242 Breslau), der heute noch im Verkehrsmuseum Dresden zu besichtigen ist. Für das im Aufbau befindliche Museum wurde 1960 der mittlere Rahmenteil im Raw Dessau hergerichtet. Der 36-polige und 18,7 t schwere Fahrmotor zählt mit 2.400 kW Stundenleistung zu den stärksten Bahnmotoren überhaupt und fand damit einen würdigen Platz. Das Bild vom Frühjahr 1961 zeigt den abgedeckten Rest der Lokomotive im Bw Dresden-Pieschen nach der Ankunft aus Dessau.
Aufnahme: Georg Otte/EK-Verlag

Oben rechts: Insgesamt zehn Gelenklokomotiven der Baureihe E 77 arbeitete die DR ab 1959 auf, da ein Mangel an elektrischen Lokomotiven bestand. Zu ihnen zählte auch E 77 52, die am 14. Juni 1964 in Halle/Saale fotografiert wurde. Die Loks standen nur wenige Jahre in Betrieb und konnten nach Lieferung genügender E 42 alsbald abgestellt werden.
Aufnahme: Günter Meyer

Rechts: Zu den Exoten auf Reichsbahn-Gleisen zählten die drei wieder aufgearbeiteten Lok-Giganten der Baureihe E 95. Am 19. April 1968 rollt E 95 01 mit dem Dg 7699 (Halle – Roßlau) über die Dessauer Muldebrücke.
Aufnahme: Hans-Joachim Lange

Die Vorkriegs-Triebwagen

Rechts: Fünf Schnelltriebwagen der Bauart „Hamburg" standen der DR nach dem Zweiten Weltkrieg zur Verfügung, darunter vier Triebzüge, die 1959 von der DB erworben wurden. Am 26. Juni 1967 konnte Günter Meyer bei einer Reise in den Norden im Bahnhof Neustrelitz SVT 137 231 aufnehmen, den die DR wenige Jahre zuvor als VT 04 106 bei der DB erworben hatte. Als Dt 260 hatte der Triebwagen den bemerkenswerten Zuglauf Bautzen – Neubrandenburg.
Aufnahme: Günter Meyer

Links: Drei der ehemals vier gebauten Schnelltriebwagen der Bauart „Leipzig" gehörten nach dem Zweiten Weltkrieg zum Bestand der Deutschen Reichsbahn. Darunter war auch der dieselhydraulische Triebzug SVT 137 154, der hier zusammen mit einem dreiteiligen Triebwagen der Bauart „Ruhr" auf dem Weg von Dresden nach Stralsund ist. Den Betriebshalt nutzte der Triebwagenführer für dieses Bild.
Aufnahme:
Georg Otte/EK-Verlag

Die Mannschaft des dreiteiligen „Ruhr"-Triebwagens VT 137 284 auf einem Erinnerungsfoto des Jahres 1956. Die dieselhydraulischen Triebwagen des Bw Dresden-Pieschen fanden bei der DR im Schnellzugdienst, später im Dresdner Vorortverkehr Verwendung. **Aufnahme: Georg Otte/EK-Verlag**

Oben: Auf die mit neuen CKD-Motoren rekonstruierten Schnelltriebwagen der Bauart „Köln" konnte die DR noch viele Jahre nicht verzichten. Selbst in den späten siebziger Jahren mussten die betagten Schnelltriebwagen als Ersatz für ausgefallene SVT der Bauart „Görlitz" im Expresszugverkehr zwischen Leipzig und Berlin einspringen. Eine solche Doppelgarnitur aus den Triebwagen 182 002/001 und 182 009/010 steht am 6. September 1977 als Ext 162 in Leipzig Hbf.
Aufnahme: Dieter Wünschmann

Rechts: Ein Jahr später, am 30. September 1978, steht der frisch lackierte 182 009/010 als Reisebürosonderzug im Bahnhof Freyburg/Unstrut. Eine Berliner Reisegesellschaft stattete dem bekannten Weinort an der Unstrut einen Besuch ab.
Aufnahme: Thomas Frister

Unten: Der „Nachschuss" auf das aus heutiger Sicht eigenartig anmutende Gespann der fünf Trieb-, Steuer- und Beiwagen, die von einer 58 des Bw Dresden-Friedrichstadt nachgeschoben werden.
Aufnahme: Helmut Griebl

Oben: Die Verwendung von mehreren Triebwagen in einem Zugverband war bei der DR nicht außergewöhnlich. Besonders die Triebwagen des Bw Dresden-Pieschen wurden im Vorortverkehr der Elbestadt oder auf den Kursen nach Zittau mehrteilig gefahren. Im Sommer 1962 konnte eine solche Garnitur auf der Rampe bei Dresden-Klotzsche im Bild festgehalten werden. Die beiden VT 137, je einer vorne und hinten, bedurften jedoch einer Schiebelok der Baureihe 58. Zwischen den beiden Triebwagen ein Steuerwagen VS 145 und zwei Beiwagen VB 147. **Aufnahme: Helmut Griebl**

Rechts: Ein Teil der 410-PS-Triebwagen erhielt noch 1970 EDV-gerechte Nummern und wurden nun als Baureihe 185 geführt. Zu den letzten Einsatzgebieten gehörte 1975 die Strecke Klostermansfeld – Wippra, kurz „Wipperliese" genannt. 185 015, der ehemalige VT 137 189, steht im Mai 1975 im Bahnhof Klostermansfeld.
Aufnahme: Dieter Wünschmann

Unten links: Ein Teil der Triebwagen erlebte noch einen Umbau zum Beiwagen. Dieses Schicksal widerfuhr auch dem VT 137 251, der in den Beiwagen VB 147 530 umgebaut und nach 1970 noch als 197 835 geführt wurde. Das Fahrzeug wurde im Januar 1966 im Bw Karl-Marx-Stadt Hbf aufgenommen.
Aufnahme: Günter Meyer

Unten: VT 137 064 diente im Jahr 1956 als passender Hintergrund für dieses Erinnerungsfoto in Dresden Hbf. Das Zugschild verrät es: Der Triebwagen stand damals im planmäßigen Einsatz auf der Elbtallinie nach Rathen.
Aufnahme: Georg Otte/EK-Verlag

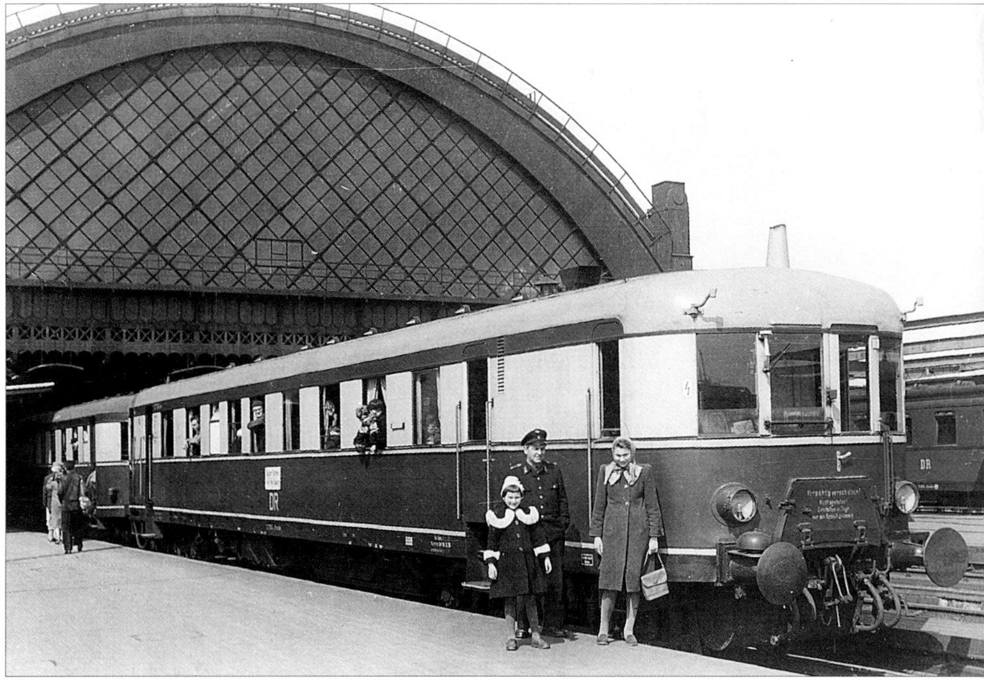

Oben links: Die Vielfalt der von Privatbahnen übernommenen Fahrzeuge war kaum noch zu übertreffen. Eine kleine Auswahl dieser Exoten zeigt diese Doppelseite: Der abgebildete Beiwagen 197 833 ist in doppelter Hinsicht bemerkenswert: 1930 von der WUMAG in Görlitz als Reisezugwagen gebaut, wurde er 1936 zum VS 145 502 umgebaut, später zum VB 147 512. 1970 erhielt er die Nummer 197 833 und stand im Dienst des Bw Jerichow. Dort erhielt er noch die letzte Anstrichsvariante der DR-Beiwagen mit dem markanten umlaufenden weißen Kontraststreifen. Fotografiert wurde der Einzelgänger im Juli 1973 im Heimat-Bw Jerichow.
Aufnahme: Dieter Wünschmann

Oben rechts: Auch der 1934 gebaute ehemalige VB 140 239 überlebte als 190 812 und konnte noch am 29. September 1979 auf den Randgleisen des Bw Heringsdorf auf der Insel Usedom fotografiert werden.
Aufnahme: Günter Meyer

Links: Ein Sonderling war der 1937 gebaute VT 133 516, dessen Herkunft nicht bekannt ist und der deshalb zunächst bei der DR bis 1955 abgestellt blieb. Später wurde der Triebwagen im Raw Dessau wieder aufgearbeitet, erhielt dabei einen 70-PS-Dieselmotor und wurde der Rbd Greifswald zugeordnet. Auffällig sind die drei breiten Fenster mit Vorhängen.
Aufnahme: Georg Otte/EK-Verlag

Kleinbahnidylle in der Altmark: 186 028, der ehemalige VT 136 539, ist im August 1974 in Jeggeleben-Süd zum Halten gekommen. Die Altmarkstrecken waren bis Mitte der siebziger Jahre das letzte Einsatzgebiet für die zweiachsigen Triebwagen aus der Vorkriegszeit. **Aufnahme: Detlef Hommel**

Links: Seitenansicht des 186 028 vom Bw Salzwedel im Juli 1973 im Bahnhof Kalbe/Milde. Der 20,6 t schwere Wagen bot 56 Sitzplätze und war mit zwei 100-PS-Motoren gewiss nicht untermotorisiert. Die letzte Revision des ehemaligen VT 135 539 im Raw Wittenberge datiert vom 25. September 1972.
Aufnahme: Gerhard Greß

Unten links: Der Beiwagen 197 802 beim Verschub durch den Akku-Schlepper ASF 49 im Sommer 1977 im Bw Engelsdorf. Obwohl erst kurz zuvor im Raw Schöneweide untersucht und neu lackiert, wurde der ehemalige VB 147 022 nicht mehr im Zugdienst benötigt und diente noch für einige Jahre als Schulungsraum im Bw Engelsdorf. Später wurde er nochmals zum Küchen- und Kantinenwagen umgebaut.
Aufnahme: Dieter Wünschmann

Unten rechts: Dieser ehemalige Steuerwagen VS 145 136 der Gattung BC4ivS aus dem Jahr 1935 fand noch im Frühjahr 1976 als Notlokleitung im Bw Stendal Verwendung.
Aufnahme: Dieter Wünschmann

Rangier- und Kleinlokomotiven

Zahlreiche Kleinlokomotiven (Kö) bevölkerten die Bahnhöfe der Reichsbahn-Strecken. Neben den in größeren Serien von der DRG beschafften Loks der Leistungsgruppen I und II gab es auch Außenseiter. Dazu zählte 100 972, die von der Prenzlauer Kreisbahn zur DR kam und dort bis 1970 als Köf 5752 geführt wurde. Aufgenommen wurde die Lok am 5. Mai 1988 in Grabow. **Aufnahme: Hartmut Michler**

Im typischen Einsatz ist 100 705 auf diesem Bild zu sehen. Im Bahnhof Steinach an der Strecke Lauscha – Sonneberg hat die ehemalige Kö 4931 am 28. Februar 1981 für den bald eintreffenden Nahgüterzug die beizustellenden Wagen zusammenrangiert. Auf dem zweiten Wagen ein Kettenfahrzeug der Roten Armee. **Aufnahme: Thomas Frister**

Rechts: Eine bewegte Vergangenheit hat auch diese Kleinlokomotive. Sie gelangte 1940 aus den Beständen der PKP zur DR und erhielt dort die Nummer Köf 5047. Die DR zeichnete die Lok im Jahr 1970 in 100 847 um. Das Bild der durch das hohe Führerhaus eigenwillig erscheinenden Maschine des Bw Leipzig-Wahren entstand im Frühjahr 1982.
Aufnahme: Gerhard Greß

Unten links: Eine der wenigen bei der DR noch mit EDV-Nummer im Einsatz stehenden V 36 (103 015) konnte noch 1979 in Wismar fotografiert werden.
Aufnahme: Gerhard Greß

Unten rechts: Eine Vertreterin der Kleinloks der Leistungsklasse I darf an dieser Stelle nicht fehlen. 100 020, früher Kö 0120, war im Mai 1971 noch als „Hofhund" im Bw Pasewalk tätig.
Aufnahme: Dr. Winfried König

Gnadenfrist für alte Bei- und Steuerwagen

Zahlreiche der alten Bei- und Steuerwagen verwendete die DR bis in die späten siebziger Jahre im Zugdienst. Mangels Triebwagen kamen dabei Dieselloks zum Einsatz, im Einzelfall auch Dampflokomotiven. Haupteinsatzgebiete dieses interessanten Zugverkehrs waren die Strecken der Altmark, im südlichen Harzvorland, auf der Insel Usedom sowie auf Nebenstrecken in den Großräumen Leipzig und Berlin.

Unten links: Auch auf der Strecke Heudeber-Danstedt – Osterwiek (Harz) mussten Dieselloks der Baureihe 102 im Zugdienst aushelfen. Am 7. Juni 1974 wurden dort 102 146 mit den Beiwagen 190 830 (VB 140 504), 190 832 (VB 140 506) und 190 829 (VB 140 231) angetroffen. **Aufn.: Günter Dietz/Slg. M. Malke**
Unten rechts: Sogar Kleinloks wurden als Zugloks verwendet, so auf der Strecke Pegau – Groitzsch, südlich von Leipzig. Nahe Pegau ist im August 1975 100 942 mit zwei ehemaligen VB 147 unterwegs. **Aufnahme: Horst Schrödter**

Links: Zugverkehr mit Dieselloks und Beiwagen gab es auch auf der Insel Usedom. Diese hübsche Garnitur aus zwei VB 147 und zwei VB 140 wurde im Mai 1971 von der Lok 102 128 gezogen. Mit ihrem Zug nach Trassenheide steht die erst wenige Monate alte Maschine im Bahnhof Zinnowitz.

Aufnahme: Herbert Böhme/ Sammlung M. Malke

Auf den Strecken der Altmark musste schon mal eine 64 aushelfen, wenn einer der alten Triebwagen nicht zur Verfügung stand. Diese Komposition aus 64 212 und zwei Beiwagen der Baureihe 190 (ehemalige VB 140) konnte im August 1975 im Bahnhof Hohenwulsch mit der Kamera festgehalten werden. **Aufnahme: Michael Malke**

Der Doppelbeiwagen 190 854/855 wurde bei der DR ebenfalls im Reisezugdienst verwendet. Als VT 715/716 wurde dieser ehemalige Benzoltriebwagen im Jahr 1925 in Dienst gestellt und später von der DR in den motorlosen Doppelbeiwagen VB 140 604/605 umgebaut. 1975 kam er zum Bw Saalfeld und war im nichtöffentlichen Berufsverkehr zwischen Triptis und Niederpöllnitz im Einsatz. Anlässlich einer DMV-Sonderfahrt wurde das Fahrzeug am 24. Juni 1978 mit 106 708 auf der Orlabahn eingesetzt, hier bei Freienorla aufgenommen. **Aufnahme: Detlef Hommel**

Oben links und unten: Zwischen Mahlow und Blankenfelde, südlich von Berlin, setzte die DR über längere Zeit Rangierloks der Baureihen V 15 bzw 101 als Zuglok vor einem Steuerwagen der Baureihe VS 145 ein. Auch hier dürfte der Mangel an einem geeigneten Triebwagen der Grund dafür gewesen sein. Im April 1970 (Bild unten) ist in Mahlow V 15 2245 vom Bw Pankow mit dem VS 145 146 vom Endpunkt der Strecke in Mahlow nach Blankenfelde unterwegs. Später fanden auch Loks der Baureihe 102 Verwendung, die von den Eisenbahnern wegen der kantigen Form und der Farbgebung respektlos „Briefkasten" genannt wurden. 102 134 (Bild oben links) hat mit dem Steuerwagen 195 624 als P 2346 am 22. August 1971 Mahlow wieder verlassen.
Aufnahmen: Dr. Winfried König

Oben rechts: In Leipzig konnte man bei Ausfall von LVT auf die Dienste einer V 60 mit Bei- und Steuerwagen nicht verzichten. Als P 7703 nach Trebsen verlässt 106 668 mit dieser interessante Garnitur am 7. August 1971 den Hauptbahnhof von Leipzig.
Aufnahme: Michael Malke

Moderne Lokomotiven und Triebwagen für die DR

Obwohl die DR nach dem Ende des Zweiten Weltkrieges und nach Beseitigung der größten Schäden ein Programm zum Bau neuer und moderner Dampflokomotiven entwickelte – das übrigens in der ursprünglichen Form nicht realisiert wurde –, stand sie der Ablösung der Dampfloks durch moderne Diesel- und Elloks sehr aufgeschlossen gegenüber. Nach der (Wieder-) Aufnahme des elektrischen Betriebes im Jahr 1955 und dessen geplanter Ausweitung war von vornherein klar, dass neue elektrische Lokomotiven beschafft werden müssten. Unter dem Eindruck der bei der DB nach 1950 in Dienst gestellten modernen Fahrzeuge in Gestalt der Schienenbusse und der erfolgreichen Baureihen V 80 und V 200 stand auch für die DR fest, moderne Dieseltriebfahrzeuge für den Traktionswechsel des überalterten Dampflokparkes zu beschaffen.

Das erste in der DDR neu entwickelte Diesel-Tfz für die DR war der 1957 fertiggestellte Baumuster-LVT, der spätere VT 2.09.001. Im Frühjahr 1958 konnte das Fahrzeug bei der damaligen Versuchsanstalt für Motorfahrzeuge Dessau erstmals untersucht werden. Aufnahme: Hans-Joachim Lange

Unter diesen Einflüssen arbeitete man bei LEW in Hennigsdorf schon in den frühen fünfziger Jahren an einer 2.700 PS starken, sechsachsigen Diesellokomotive, die übrigens nie gebaut wurde. Der Waggonbau Bautzen entwickelte zur Modernisierung des Nebenbahnbetriebes einem zweiachsigen Leichttriebwagen. Parallel dazu wurde der Bau moderner elektrischer Lokomotiven für das 15-kV, 16-2/3-Hz-Netz, das 1960 schon 270 km umfasste, in Angriff genommen, nachdem es über das in der DDR zukünftig auszuführende Stromsystem lange Diskussionen gab. Im VEB Lokomotivbau „Karl-Marx" Babelsberg lief indes nach vielen vorangegangenen Auseinandersetzungen über die Art der Leistungsübertragung (dieselelektrisch oder dieselhydraulisch) die Konstruktion einer Typenreihe dieselhydraulischer Lokomotiven mit hohem Standardisierungsgrad auf Hochtouren.

1959/1960 waren die Arbeiten der DDR-Lokomotivhersteller soweit fortgeschritten, dass die ersten Lokomotiven der modernen Traktion auf den Schienen standen. Die Prototypen der V 15, V 60 und V 180 legten ihre ersten Fahrten zurück, nachdem schon 1957 das Muster eines neuen Leichttriebwagens (VT 2.09.001) auf Ausstellungen und Messen gezeigt worden war. 1960 folgten auch die ersten beiden E-Loks (E 11 001 und E 11 002) aus der Produktion des VEB LEW Hennigsdorf, die ab 1962 in Serie gebaut und durch die 100 km/h schnelle Güterzugvariante E 42 ergänzt wurde.

Die Zeit bis Mitte der sechziger Jahre war im Diesellokbau vor allem durch viele „Kinderkrankheiten" gekennzeichnet. Eines des Hauptprobleme bildeten die Motoren. Die DDR-Industrie konnte nicht nur ihre zeitlichen Lieferzusagen für bahnfeste Motoren der V 180-Typenreihe und der geplanten V 240 (und V 270) nicht einhalten, die Motoren waren anfänglich auch ausgesprochen störanfällig. Ebenso konnten bei den Triebwagen die Planungen nicht erfüllt werden: Zwischen der Vorstellung des Prototyps des zweiachsigen LVT (VT 2.09) und dessen Serienproduktion vergingen Jahre, der geplante vierachsige und 120 km/h schnelle Leichttriebwagen (VT 4.12) kam über den Bau zweier Versuchsmuster nicht hinaus, und beim Bau der – dafür sehr erfolgreichen – Schnelltriebwagen der Bauart „Görlitz" (VT 18.16) waren Verzögerungen an der Tagesordnung. In diese Zeitepoche fällt auch der Import von 20 dieselelektrischen Lokomotiven des Typs T 435.0 aus der Tschechoslowakei, die als V 75 bei der DR eingereiht und zunächst ausschließlich in Leipzig eingesetzt wurden. Nach den drei im Jahr 1954 aus

Ungarn importierten Schnelltriebwagen der Bauart „Ganz" (VT 12.14) war es der zweite Import moderner Fahrzeuge aus dem Ausland.

Auf Hochtouren lief dafür die Produktion von dieselhydraulischen Rangierlokomotiven, die vor allem die alten Tenderlokomotiven auf den Bahnhöfen, bei der Anschlussbedienung und im Nahgüterzugdienst verdrängten. Die rund 350 Lokomotiven der Baureihe V 15, deren Leistung von 150 auf zuletzt 180 PS gesteigert wurde, konnte die DR ab 1960 in Dienst stellen. Der mit 220 PS stärkeren Nachfolgebauart V 23 folgte im Jahr 1970 die auch äußerlich umgestaltete Baureihe 102.1, die mit 157 Exemplaren beschafft wurde. Die Baureihe V 60 wurde über einen Zeitraum von reichlich 20 Jahren geliefert.

Noch weit vor dem „legendären" Verdieselungsbeschluss der DDR-Regierung vom Frühjahr 1966, der den großangelegten Import dieselelektrischer Lokomotiven aus der damaligen Sowjetunion einleitete, suchte man in der DDR nach Auswegen aus dem insgesamt schleppend verlaufenden Traktionswechsel. Folge dieser Entwicklung war nicht nur ein Modernisierungsprogramm bei Dampflokomotiven (u.a. Einbau von Ölhauptfeuerungen, Nachbau von Kesseln usw.), sondern auch eine deutliche Abkehr von den einstigen Elektrifizierungsplänen. Die Inbetriebnahme der Erdölpipeline aus der Sowjetunion nach Schwedt/Oder eröffnete zudem die Möglichkeit, Dieseltriebfahrzeuge in weit größerem Umfang einzusetzen. Gegen die Elektrifizierung sprachen die mit dem Dieselbetrieb verbundenen Einsparungen bei Stahl und Kupfer, ein Umstand, der in der Planwirtschaft der DDR von hoher Bedeutung war.

Mit der Entscheidung zum Import von dieselelektrischen Lokomotiven aus der Sowjetunion war gleichzeitig das Ende des DDR-Diesellokbaus im oberen Leistungsbereich besiegelt, auch wenn die letzten V 180 erst im Frühjahr 1970 ausgeliefert wurden; alle Planungen für die noch leistungsstärkeren Typen wurden abgebrochen. Noch kurz zuvor hatte die DR die Entwicklung einer Diesellokomotive im mittleren Leistungsbereich forciert, nachdem Planungen zum Import einer solchen Lokomotive aus der Sowjetunion scheiterten. Die daraufhin bei LOB in Babelsberg entwickelte und bei LEW in Hennigsdorf in Serie gebaute V 100 gilt als eine der erfolgreichsten Lokkonstruktionen der DDR-Schienenfahrzeugindustrie.

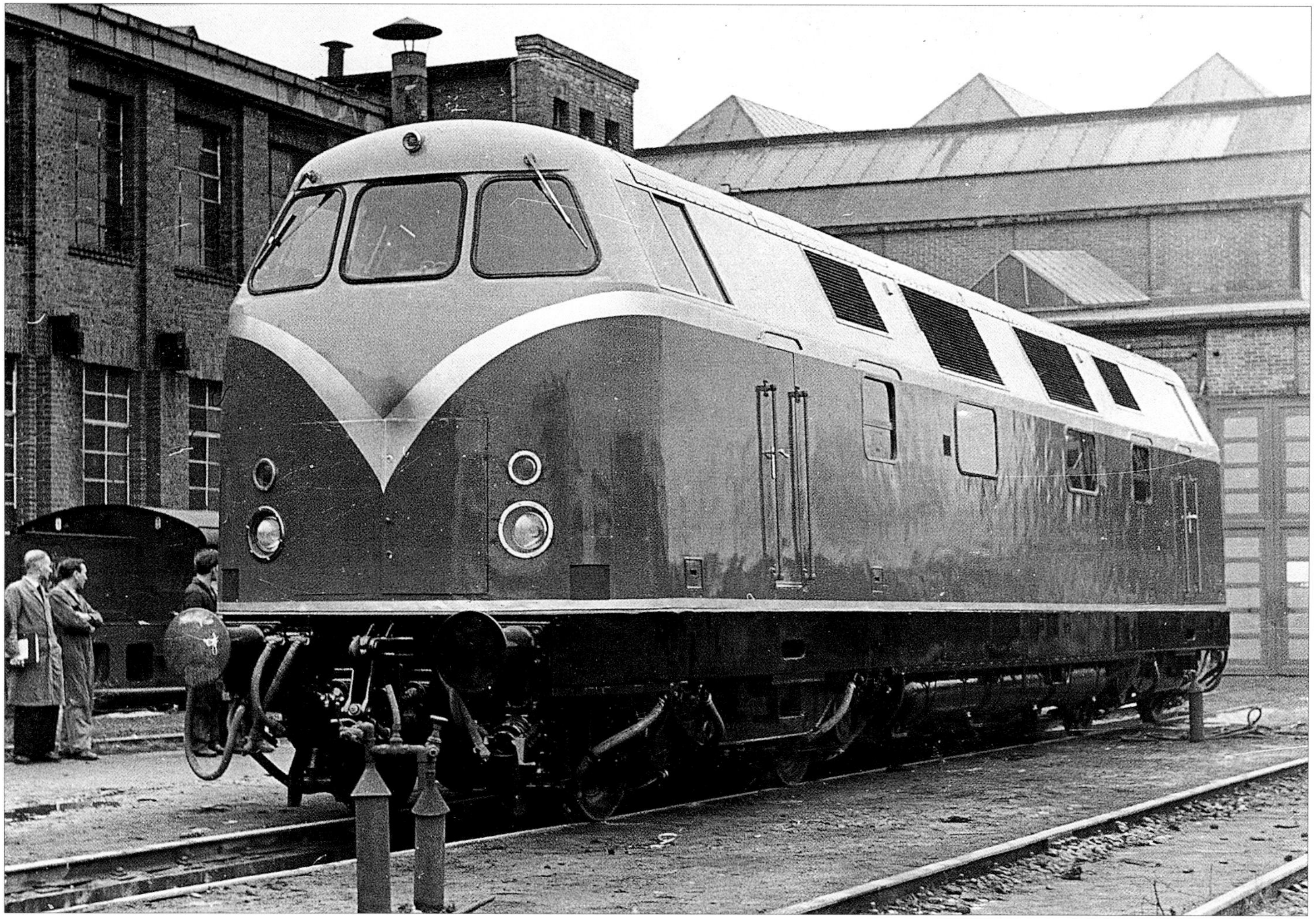

Das Baumuster aller V 180 auf einer der allerersten Fahrten überhaupt, aufgenommen im Januar 1960. Dieses seltene Bilddokument zeigt die spätere V 180 001 noch ohne Beschriftung anläßlich einer vom Hersteller LOB und der damaligen Versuchsanstalt für Motorfahrzeuge der DR organisierte Vorstellungsfahrt im Raw Dessau. **Aufnahme: Hans-Joachim Lange**

Oben links: Die ersten neuen Dieseltriebfahrzeuge überhaupt beschaffte die DR im Jahr 1954 aus Ungarn. Drei Triebzüge des ungarischen Herstellers Ganz wurden im Herbst 1954 geliefert und als VT 12.14 in Dienst gestellt. Grund war der Mangel an Schnelltriebzügen, nachdem die DR ab 1949 die internationalen Kurse wieder mit Schnelltriebwagen bediente. Die Fahrzeuge bewährten sich aber nicht und wurden im Januar 1972 ausgemustert, nachdem sie schon einige Zeit zuvor abgestellt worden waren.
Aufnahme: Georg Otte/EK-Verlag

Oben rechts: Ende 1962 importierte die DR insgesamt 20 Diesellokomotiven des Typs T.435 aus der CSSR und stellte sie zwischen November 1962 und Januar 1963 in Dienst. Die Ausmusterung der Lokomotiven begann bereits im Jahr 1977, die letzten Lokomotiven wurden 1987 an das Zementwerk in Karsdorf verkauft, wo sie übrigens noch heute im Einsatz stehen.
V 75 011 wurde am 20. Juni 1965 im Vorfeld des Leipziger Hauptbahnhofs aus einem einfahrenden Schnellzug aus Zwickau fotografiert.
Aufnahme: Günter Meyer

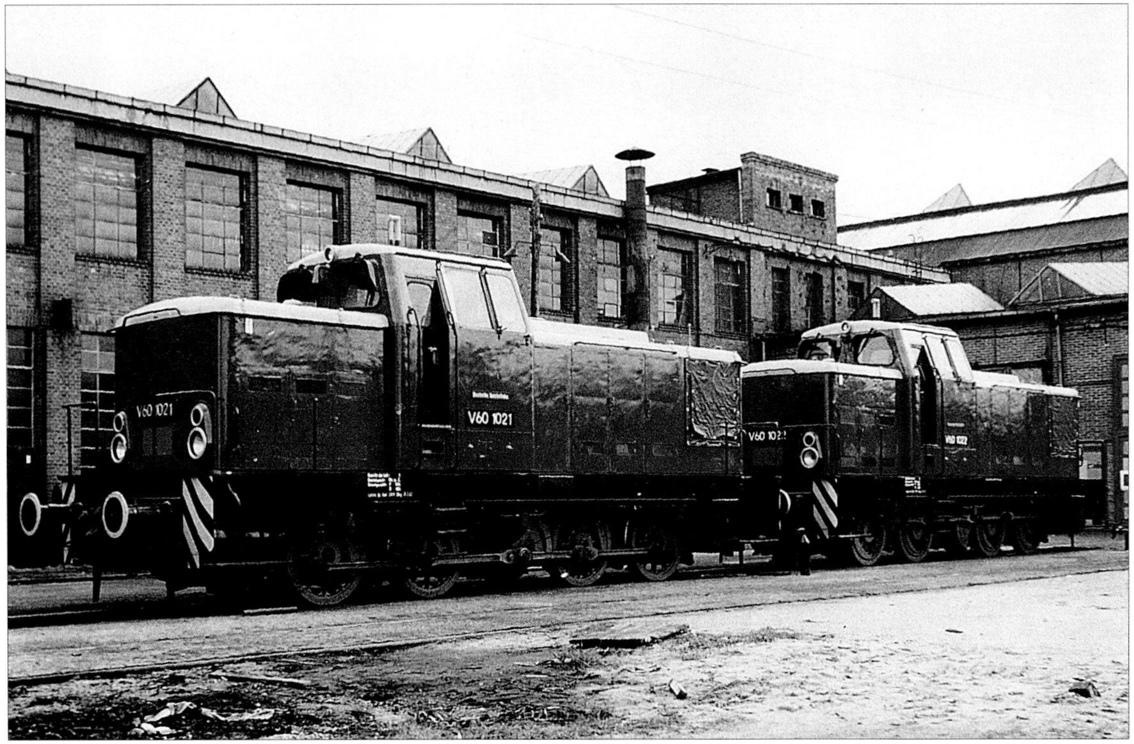

Links: Ab 1960 lief die Beschaffung der ersten V 60 an, die vor allem den wenig rationellen Einsatz von Dampflokomotiven im Rangierdienst beenden sollten. Im Januar 1962 sind die beiden werksneu gelieferten V 60 1021 und V 60 1022 im Raw Dessau eingetroffen. Im Unterschied zu den späteren Lieferserien waren die Loks der ersten Baulose noch mit den schmalen Führerhäusern ausgerüstet, die – hier noch ohne Dach – den Lokführer beim Beobachten des Rangiergeschäftes ungeschützt dem Regen aussetzten. Lackiert waren die ersten Loks in weinroter Farbgebung.
Aufnahme: Hans-Joachim Lange

Der bislang schleppend verlaufende Traktionswechsel wurde mit der ab 1966 beginnenden Lieferung von 376 Maschinen der Baureihe V 200 („Taigatrommel") und der ab 1970 aufgenommenen Beschaffung von vier Typen der V 300-Familie (Baureihen 130, 131, 132 und 142) entscheidend beschleunigt. Bis 1982 importierte die DDR 871 Lokomotiven dieser Familie. Zusammen mit den V 200 wurden damit insgesamt 1.247 Lokomotiven beschafft, die auf dem nichtelektrifizierten Netz die Hauptlast des schweren Zugdienstes bewältigten. Über die Schwierigkeiten, die diese Loks anfänglich bereiteten, sei es hinsichtlich der technischen Forderungen (Zugheizung bei der BR 132) oder im Geräuschpegel (bei der V 200) ist an anderer Stelle ausreichend berichtet worden.

Vergleichsweise problemlos lief in jenen bewegten Jahren die Lieferung der Neubauelloks der Baureihen E 11 und E 42, die bis 1976 gebaut und für die noch in Angriff genommenen Elektrifizierungsprojekte, vor allem das erst 1970 fertiggestellte „Sächsische Dreieck" Leipzig – Reichenbach – Karl-Marx-Stadt – Dresden – Leipzig, dringend benötigt wurden. Derweil liefen die Konstruktionsarbeiten für eine schwere sechsachsige Ellok der Baureihe 250, die 1974 erstmals vorgestellt und anschließend bis 1984 gebaut wurde. Nicht vergessen werden darf die Entwicklung der 50-Hz-Lokomotiven der Baureihe E 251, die für den elektrischen Inselbetrieb auf der Rübelandbahn im Harz in einer Stückzahl von 15 Loks gebaut wurden.

Der Bau von Diesellokomotiven größerer Leistungsklasse sollte in der DDR nach einer Festlegung des Rates für gegenseitige Wirtschaftshilfe (RGW), der Wirtschaftsorganisation der sozialistischen Länder, nicht mehr erfolgen. Dennoch entwickelte die DR auf dem Sektor der Diesellokomotiven hinter den Kulissen geschickt weitere Aktivitäten zur Leistungssteigerung der vorhandenen Loks. Schließlich hatte man schon im Dampflokbau in den sechziger Jahren trickreich den faktischen Neubau von Schmalspurlokomotiven als „Rekonstruktion" tarnen können. Kaum hatte 1970 die letzte 2.000 PS starke V 180 die Lokhallen bei LOB in Babelsberg verlassen, ging man daran, die Leistung dieser Maschinen und eines Teils der Baureihe 110 zu erhöhen. Ab 1971 standen die ersten 900 kW (1.224 PS) starken Dieselmotoren (12 KVD 18/21 A-3) zur Verfügung, die in der Lok 118 373, später in einer Reihe weiterer 118, erprobt wurden. 1972 folgte eine Lok der Baureihe 110. Im Jahr 1978 stand dann der erste 1.100 kW (1.500 PS)-Motor zur Verfügung, der ebenfalls in den Baureihen 110 und 118 erprobt wurde. Die in den achtziger Jahren im großen Umfang durchgeführte Umrüstung von Lokomotiven beider Baureihen führte 1984 zum Umzeichnen in 118^{6-8}, 112 und 114. Auch den kleinen Rangierlokomotiven der Baureihe 101 verpasste die DR neue stärkere Motoren mit 220 PS. Zur Unterscheidung wurden die Loks nicht nur in der neuen orangen Farbgebung lackiert, sie erhielten neue Ordnungsnummern innerhalb der Unterbaureihe 101^{5-7}.

Noch vor dem Ende der Beschaffung von dieselelektrischen Maschinen aus der Sowjetunion im Jahr 1982 war bereits 1978 die Lieferung der 110 ausgelaufen (letzte Lok 110 896). Der Bau der mit über 1.100 Maschinen zahlenmäßig am stärksten vertretenen Baureihe 105/106 (V 60) lief ebenfalls 1982 aus, und die letzten in der DDR ge-

Soeben vom Hersteller LEW Hennigsdorf eingetroffen: die nagelneue E 42 001 bei der Eingangsuntersuchung im Raw Dessau im April 1963. **Aufnahme: Hans-Joachim Lange**

Sechs verschiedene Dieseltriebfahrzeuge der Deutschen Reichsbahn, aufgenommen am 23. Juli 1983 in der Einsatzstelle Gotha: 106 492, 132 009, 118 166, 120 310, 171 049 und 112 344. Auf dieser nicht alltäglichen Fahrzeugparade sind die Baureihen zu sehen, die in den achtziger Jahren die Hauptlast des Verkehrs auf den nichtelektrifizierten DR-Strecken trugen. **Aufn.: H.-J. Trunk/Sammlung D. Hommel**

Die letzte DR-Neuentwicklung war die Baureihe 252. Die deutsche Wiedervereinigung verhinderte einen Weiterbau. 252 002 bei Meßfahrten im August 1991 bei Elstal. **Aufn.: Dr. Winfried König**

bauten Dieselloks überhaupt waren die aus der 110 entwickelten 37 Loks der Baureihe 111 sowie die Maschinen der Baureihe 110^{9} (Loks mit Antrieb für Grabenräum- und Schneeräumeinheit) im Jahr 1983.

Damit war die Beschaffung neuer Diesellokomotiven jedoch noch nicht abgeschlossen. Parallel zur Lieferung der 3.000-PS-Loks der Baureihe 132 vereinbarte die DDR schon Mitte der siebziger Jahre mit Rumänien die Lieferung einer großen Stückzahl von sechsachsigen 2.700-PS-Loks mit dieselhydraulischer Leistungsübertragung und elektrischer Zugheizung. Auch hier verzögerte sich die Lieferung, das erste Baumuster besaß zudem noch keine elektrische Zugheizung und wurde erst Ende 1976 zu Versuchszwecken der DR übergeben. Bis 1980 folgten die Loks der Nullserien, erst danach konnte der rumänische Hersteller eine größere Anzahl von Maschinen liefern, die 1985 mit der Übergabe der letzten Lok 119 200 endete.

Zwischenzeitlich hatten sich in der DDR nicht nur die wirtschaftlichen, sondern auch die energiepolitischen Rahmenbedingungen nachhaltig geändert. Die Energieknappheit infolge der gestiegenen Rohölpreise zwangen zur Einsparung von Diesel- und Heizöl in ungewohnten Größenordnungen. Nun wurden nicht nur stationäre Heizanlagen von Öl- auf Kohlefeuerung umgestellt, sondern auch ein Teil der abgestellten ölgefeuerten Lokomotiven für Heizzwecke auf Kohlefeuerung umgebaut sowie eine Reihe von Dampflokomotiven der Baureihen 41, 50, 52 und 86 wieder in Betrieb genommen.

Folge dieser Entwicklung war ein groß angelegtes Elektrifizierungsprogramm, das bei jährlichen Zuwächsen von rund 300 km neu elektrifizierter Strecken die wichtigsten Hauptstrecken des Landes umfasste. Für die Umsetzung dieses Programms wurden dringend neue E-Loks benötigt. 1982 stellte LEW Hennigsdorf das Baumuster 212 001 vor, aus der ab 1984 die 120 km/h schnelle Universallokomotive der Baureihe 243 (heute: 143) in über 600 Exemplaren gebaut wurde. Gleichzeitig endete 1984 der 1976 aufgenommene Serienbau der Baureihe 250 (heute: 155). Die letzte Ellokentwicklung der DR, die sechsachsige 252 (heute: 156), wurde in vier Exemplaren erst nach der Wiedervereinigung fertiggestellt und infolge der veränderten Bedingungen nicht mehr in Serie gebaut. Die Beschaffung moderner Triebfahrzeuge für die speziellen Belange der Deutschen Reichsbahn endeten damit im Jahr 1991. Die noch von der DR veranlasste Beschaffung von elektrischen Lokomotiven der Baureihen 112^{0} und 112^{1} war schon den veränderten Bedürfnissen des wiedervereinigten Deutschland geschuldet.

Eine der erfolgreichsten Konstruktionen der DDR-Schienenfahrzeugindustrie ist die Baureihe 243, heute als BR 143 in fast ganz Deutschland anzutreffen. Die 1982 gebaute Baumusterlok 212 001 wurde nach Umbau auf 120 km/h in 243 001 umgezeichnet. Ihre eigenwillige Lackierung brachte ihr den Namen „Weiße Lady" ein, hier aufgenommen am 31. März 1984 in Zwickau. **Aufn.: R. Heinrich**

Die Rangierlokomotiven: V 15, V 23 und V 60

Eine V 15 im regulären Personenzugdienst zu erleben, blieb die Ausnahme. Auf einigen Nebenstrecken konnte man dennoch aus verschiedenen Gründen auf die kleinen blau lackierten Maschinen nicht immer verzichten. So auch am 30. Mai 1966 auf der Strecke Dessau – Wörlitz. V 15 2290 hat mit dem P 3009 den Bahnhof Dessau-Waldensee erreicht. **Aufnahme: Hans Müller**

Oben links: Einige Baumuster der späteren Baureihe V 15 erprobte die DR in den Jahren 1959/60, ohne sie vom Hersteller zu übernehmen. Eine dieser Maschinen steht im Frühjahr 1960 im Bw Dresden-Pieschen. Besonders auffällig bei diesen ersten Lokomotiven waren die 900-mm-Radsätze und die in die Pufferträger eingelassenen Lampen.
Aufnahme: Georg Otte/EK-Verlag

Oben rechts: Zu den ersten von der DR abgenommenen V 15 gehört auch V 15 1010, eine Lok der zweiten Kleinserie. Fotografiert wurde die Lok am 15. März 1965 im Bahnbetriebswerk Dresden-Pieschen.
Aufnahme: Georg Otte/EK-Verlag

Unten: Auch die kleinen Dieselrangierloks mussten sich Messfahrten unterziehen. Dieses seltene Bilddokument zeigt V 15 2210 mit Meßwagen 1 der VES-M Halle und Bremslok 78 425 im März 1966 im Bahnhof Klitschmar zwischen Halle/Saale und Delitzsch.
Aufnahme: Hans-Joachim Lange

Oben links: 101 166 (ex V 15 2066) vom Bw Eberswalde ist eine Lok der Serienausführung mit 1.000-mm-Treibraddurchmesser (ab V 15 2026 so geliefert), aufgenommen im Mai 1971 in Torgelow. Die 1961 gebaute Maschine erhielt später einen 220-PS-Motor und wurde in 101 697 umgezeichnet.
Aufnahme: Dr. Winfried König

Oben rechts: V 15 2243 wurde mit dieser ansprechenden Lackierung auf der Leipziger Frühjahrsmesse 1965 gezeigt. Die ab 1970 als 101 343 geführte Lok wurde nach Umbau auf den leistungsstärkeren Motor in 101 534 umgezeichnet.
Aufnahme: Georg Otte/EK-Verlag

Unten: Ab 1967 wurde die kleine Rangierlokomotive mit einem 220-PS-Motor ausgestattet und in zahlreichen Details verbessert. Diese Loks wurden als V 23 001 ff. an die Deutsche Reichsbahn geliefert und waren äusserlich vor allem durch den im hinteren Teil vergrößerten Rahmenträger zu erkennen. Oft wurden die Loks auch im Arbeitszugdienst eingesetzt. 102 055 ist am 6. September 1979 mit einem solchen Zug nahe Weida auf dem Weg nach Wünschendorf/Elster.
Aufnahme: Thomas Frister

Rechte Seite:
Völlig neu konstruierte der Hersteller die Baureihe 102[1], die 1970/71 in 157 Exemplaren an die DR geliefert wurde. Den orange lackierten Maschinen verpassten die Eisenbahner den Namen „Biefkasten“. 102 166 wurde kurz nach ihrer Hauptuntersuchung im Raw Halle im Frühjahr 1976 im Bw Stendal fotografiert.
Aufnahme: Dieter Wünschmann

Deutsche Reichsbahn
102 166-6
15

Von 1960 bis 1982 beschaffte die DR über 1.100 Rangierlokomotiven der Baureihe V 60. Die Unterbaureihe V 60^{10-11} fiel optisch hauptsächlich durch ihr schmales Führerhaus und die kleineren Frontscheiben auf. Die verbesserte Konstruktion wurde ab 1964 als V 60^{12} geliefert. Am 20. September 1968 steht je eine Vertreterin beider Bauarten im Bahnhof Weißenfels. V 60 1151 dürfte eine der ersten Maschinen aus den ersten Lieferserien überhaupt sein, die im Raw Karl-Marx-Stadt den neuen orangen Farbanstrich erhielt. **Aufnahme: Günter Meyer**

Die V 60 wurden zunächst in drei unterschiedlichen Lackierungen in Dienst gestellt. Die Loks der ersten Serie (bis V 60 1170) erhielten eine dunkelrote Lackierung, die später durch weiß ausgeführte Dächer der Vorbauten und des Führerhauses einschließlich zweier schmaler umlaufender Zierstreifen verändert wurde. Die Nachfolgeserie ab V 60 1201 kam bereits mit orangem Lokkasten zur DR, nun aber mit einem breiten umlaufenden, elfenbeinfarbenen Streifen. Später wurde dieser dann weggelassen.

Oben links: V 60 1154 vom Bw Dresden-Friedrichstadt konnte in ihrer ansprechenden Farbgebung wenige Tage nach der Indienststellung im März 1964 fotografiert werden. Die weißen Dächer sahen zwar schön aus, verdreckten aber schnell.
Aufnahme: Georg Otte/EK-Verlag

Oben rechts: Die ersten V 60 wurden in einem weinroten Lack geliefert. V 60 1054 vom Bw Schwerin steht am 28. September 1968 im Bahnhof Perleberg in bester Fotopositur.
Aufnahme: Hans-Joachim Lange

Unten: V 60 1345 beim Abdrücken von Wagen am 10. Juli 1968 auf dem Rangierberg in Aue. Die ersten Baulose der verstärkten V 60^{12} erhielten bereits die orange Lackierung, jedoch noch mit einem elfenbeinfarbenen Zierstreifen.
Aufnahme: Günter Meyer

Links: Der Dienst vor Übergabe- und Nahgüterzügen gehörte neben dem klassischen Rangierdienst zu den bevorzugten Einsatzgebieten der V 60. In Zeiten, als es noch zu den Aufgaben der Bahnverwaltung gehörte, Güter zu verteilen und Anschlüsse zu bedienen, waren die V 60 mit solchen Aufgaben auch gut ausgelastet. Am 3. Juli 1977 passiert 106 544 vom Bw Gera mit dem täglichen Nahgüterzug von Krossen/Elster nach Wünschendorf/Elster die Blockstelle Caaschwitz. Zuschlagstoffe aus einem Tagebau waren das Ladegut in den offenen Wagen, die zum Dolomitwerk in Wünschendorf transportiert wurden. Mit den voll beladenen 18 Wagen einschließlich Packwagen wurde die 650 PS starke Maschine im Streckendienst voll gefordert.
Aufnahme: Thomas Frister

Rechts: Die Verwendung der V 60 im Reisezugdienst war gar nicht so außergewöhnlich. In den warmen Monaten griff man wegen des allfälligen Lokomotivmangels häufig auf die vierfach gekuppelten Stangenloks zurück. Die Höchstgeschwindigkeit von 60 km/h im Streckengang (30 km/h im Rangiergang) war dabei kein Hindernis, weil die Maschinen dabei in der Regel nur auf Nebenstrecken verwendet wurden, wo die Geschwindigkeit ohnehin nur bei maximal 50 km/h lag. Mit einer schönen Garnitur zwei- und dreiachsiger Rekowagen verlässt 106 093 am 9. Juli 1972 mit dem P 695 den Bahnhof Torgelow.
Aufnahme: Dr. Winfried König

106 107 (ex V 60 1107) vom Bw Roßlau konnte noch im Juni 1970 mit der ursprünglichen Lackierung angetroffen werden. Das Bild, aufgenommen in Roßlau, zeigt auch, dass die einst elfenbeinfarbenen Dachpartien stark verschmutzten. Die Lok trägt weit sichtbar den Funknamen „Riga 3". **Aufnahme: Dieter Wünschmann**

Oben links: Schwer zu kämpfen hatte 106 057 vom Bw Reichenbach/Est. Zwickau am 21. April 1985 mit der vormittäglichen Übergabe von Wilkau-Haßlau nach Wiesenburg. Mit diesen Übergaben wurden vor allem die damals benötigten enormen Mengen an Kohle auf die jeweiligen Bahnhöfe verteilt.
Aufnahme: Thomas Frister

Oben rechts: Keine „umgebaute" Ellok ist diese 106. Der auf dem Dach montierte Stromabnehmer diente in den Jahren des DR-Elektrifizierungsprogramms gleichzeitig zur Kontrolle der gezogenen Fahrleitung. Damit nutzte die DR geschickt die Arbeitszuglok für diese Zwecke. 106 575 wurde im September 1989 in Berlin-Rummelsburg im Bild festgehalten.
Aufnahme: Dr. Winfried König

Rechts: Auch auf der Rübelandbahn mussten V 60 im Reisezugdienst aushelfen, nachdem sich wegen Frequenzbeeinflussungen der 50 Hz/25 kV-Fahrleitungsanlage die Aufnahme des elektrischen Betriebes im Jahr 1966 verzögerte. V 60 1316 und V 60 1272 sind mit dem VB 147 551 a/b (ein ehemaliger Triebwagen der Bauart „Stettin", VT 137 367, heute noch erhalten) am 29. März 1966 im Bahnhof Elbingerode (Harz) eingetroffen.
Aufnahme: Hans-Joachim Lange

Selten, aber es kam dennoch vor: Eine 106 spannt im Reisezugdienst einer 110 vor. Solche „Fuhren", zumeist verspätungsträchtig, wurden angeordnet, wenn eine Lok schnell auf einem anderen Bahnhof benötigt wurde. Am 5. Juli 1989 herrschte in Greiz akuter Lokmangel, so dass sich der Lokleiter dazu entschloss, 106 514 dem P 15677 mit 110 639 vorzuspannen. Der mit maximal 60 km/h fahrende Zug wurde zwischen Wünschendorf/Elster und Berga/Elster fotografiert.
Aufnahme: Thomas Frister

Die Mehrzwecklokomotive V 100

1963 begannen die Entwicklungsarbeiten an einer dieselhydraulischen „Mehrzwecklokomotive" – so die Formulierung in den von der DR aufgestellten „Technischen Bedingungen" –, die die Lücke zwischen den Baureihen V 60 (650 PS) und V 180 (1.800 PS) schließen sollte. Nach nur einem Jahr Entwicklungszeit konnte 1964 die Baumusterlok V 100 001 vorgestellt werden, der 1965 die V 100 002 und ein Jahr später V 100 003 folgte.

Die erste Serienlok V 100 004 wurde bereits am 1. Februar 1967 in Dienst gestellt. Die Beschaffung der ab 1970 in Baureihe 110 umgezeichneten Maschinen dauerte bis 1978 und endete mit der Lieferung der Lok 110 896. Anschließend wurden nur noch die beiden modifizierten Bauarten in Form der Baureihe 111 und der Baureihe 110^9 (mit Antrieb für eine Grabenräumeinheit – GRE) beschafft.

Linke Seite: Ein Bild, wie es für die siebziger und achtziger Jahre auf Haupt- und Nebenbahnen der DR geradezu alltäglich war: Die Loks der Baureihe 110 standen hauptsächlich im Personenzugdienst und konnten auf fast allen Strecken angetroffen werden. Auf den Nebenstrecken waren sie **die** Lokomotiven. Mit einem Personenzug von Lobenstein nach Saalfeld hat 110 119 am 15. Mai 1979 den Bahnhof Kaulsdorf verlassen, am Zugschluss läuft 110 051 mit.
Aufnahme: Thomas Frister

Solche Zugkompositionen waren nur wenige Jahre möglich, mit etwas Glück konnte der Fotograf noch bis Mitte der siebziger Jahre die letzten alten Reisezugwagen hinter einer modernen 110 im Bild festhalten. Im August 1971 gehörten die alten Reisezugwagen auf der Unstrutbahn von Naumburg nach Artern noch zum Alltagsbild. Statt der hier früher eingesetzten preußischen P 8 haben aber die 110 die Zugförderung übernommen.
Oben: Zwischen Naumburg und Kleinjena ist 110 291 am 4. August 1971 mit dem P 3776 auf dem Weg nach Artern.
Links: Dieselbe Lok wurde zuvor mit dem P 3262 kurz vor der Einfahrt in den Bahnhof Naumburg im Bild festgehalten.
Aufnahmen: Dr. Winfried König

Die drei Baumusterlokomotiven der Baureihe V 100 wurden in den Jahren 1964 bis 1966 gebaut und anschließend erprobt.
Oben links: Auf der Frühjahrsmesse 1964 konnte der Öffentlichkeit das erste Baumuster der neuen 1.000-PS-Mehrzwecklokomotive vorgestellt werden. Auffällig bei V 100 001 war vor allem die blaue Farbgebung mit den beiden elfenbeinfarbenen Streifen und dem Handlauf entlang der Vorbauten. In Dienst gestellt wurde sie am 11. Mai 1964 beim Bw Halle P. Am 19. Dezember 1968 wurde die Lok gemeinsam mit V 100 002 bei einem Brand im Raw Cottbus zerstört und fast ein Jahr später, am 10. Oktober 1969, ausgemustert.
Oben rechts: Die zweite Lok wurde 1965 ebenfalls auf der Leipziger Messe vorgestellt. Sie fiel durch eine rot-bräunliche Lackierung und helle Dachflächen auf Führerhaus und Vorbauten auf. Auch V 100 002 erhielt die seitlichen Handläufe, die bei der späteren Serienlieferung entfielen.
Aufnahmen : Georg Otte/EK-Verlag

Links: Auch die dritte Lok erhielt eine abweichende Farbgebung: V 100 003 zeigte sich in einer elfenbeinfarbenen Lackierung mit grünen Zierstreifen und in gleicher Farbe lackierten Dachflächen. Am 25. Februar 1973, dem Aufnahmetag dieses Bildes, war der einstige Glanz schon verblichen. Aufgenommen wurde die Maschine im Vorfeld des Leipziger Hauptbahnhofs.
Aufnahme: Günter Meyer

Kurz nach der Fertigstellung von V 100 003 am 2. März 1966 wurde diese erste von LEW Hennigsdorf gebaute V 100 (die beiden anderen Baumuster entstanden in Babelsberg) bei Messfahrten erprobt. Hinter dem Messwagen I der VES-M Halle dient 78 425 als Bremslok, aufgenommen im Bahnhof Klitschmar an der Strecke Halle/Saale – Eilenburg. **Aufnahme: Hans-Joachim Lange**

Rechts: 110 124 und eine weitere Lok dieser Baureihe verlassen am 14. Mai 1977 mit einem Personenzug Stralsund. Links im Bild das Bahnbetriebswerk mit 03 0048.
Aufnahme: Detlef Hommel

Rechte Seite: Für die Beförderung der Güterzüge auf der steigungsreichen Strecke von Saalfeld nach Lobenstein waren häufig zwei Lokomotiven der Baureihe 110 erforderlich. Am 15. Mai 1980 haben 110 051 und 110 144 mit ihrem langen Güterzug auf dem Weg ins Thüringer Schiefergebirge soeben Saalfeld verlassen.
Aufnahme: Detlef Hommel

Unten links: 112 382 und eine weitere 112 fahren im Juni 1986 mit einem Psiw, der aus LOWA-Mitteleinstiegswagen gebildet ist, aus dem Bahnhof Velten aus. Im Zugverband ist noch ein Wagen in der gelb-blauen Lackierung der Leipziger S-Bahn zu sehen, damals schon eine kleine Rarität.

Unten rechts: Auch im Güterverkehr auf dem Berliner Außenring mussten 112-Paare im Güterzugdienst ihre Leistungsfähigkeit unter Beweis stellen. Mit einem langen Lgo haben 112 729 vom Bw Neuruppin und 112 726 den Bahnhof Elstal erreicht.
Aufnahmen: Dr. Winfried König

V100 103

Oben links: Ein Geheimtip für Eisenbahnfreunde in den frühen achtziger Jahren war die Strecke Weimar – Kranichfeld. Dort verdienten sich die letzten modernisierten DR-Liegewagen ihr Gnadenbrot. Die Zukomposition mit einem 1957 im Waggonbau Bautzen gefertigten Güterzugpackwagen dürfte damals einmalig gewesen sein. Das Bild mit 110 379 entstand im April 1982 im Berkaer Bahnhof in Weimar.
Aufnahme: Herbert Schneider

Oben rechts: Unauffällig versahen die 110 auf fast allen DR-Nebenstrecken jahrelang den Reisezugdienst. Auch auf der Müglitztalbahn von Heidenau nach Altenberg. Dort ist im August 1984 110 587 vom Bw Dresden mit dem P 16773 bei Bärenstein zu sehen.
Aufnahme: Dr. Winfried König

Unten: Pech und Glück für den Fotografen am Schlemaer Tunnel im September 1976: Statt der erhofften preußischen G 12 erschien die Ablösung in Gestalt der frisch abgelieferten 110 718 und 110 719.
Aufnahme: Dieter Wünschmann

Linke Seite: Ein echtes „Meyer-Bild“ mit unverkennbarer Dramatik: Die Flankenfahrt von 86 470 mit V 100 103 im Bw Buchholz/Sachs konnte am 14. September 1969 im Bild festgehalten werden.
Aufnahme: Günter Meyer

Insgesamt 37 Lokomotiven der nur 65 km/h schnellen Baureihe 111 beschaffte die DR 1981/82 bei LEW Hennigsdorf. Äußerlich waren die Loks durch die orange Farbgebung und das Geländer an den Stirnseiten zu erkennen. 111 007 und 111 010 vom Bw Wittenberge mit einem Ganzzug aus Wagen der Gattung Zkz im August 1982 bei Rhinow. **Aufnahme: Dr. Winfried König**

Oben: Auch Schnellzüge gehörten zum Aufgabengebiet der 110. 110 652 rollt am 14. Mai 1977 vom Rügendamm kommend in den Bahnhof Stralsund. Die Wagenschlange ist beachtlich: Hinter der 110 modernisierte Liegewagen, anschließend Wagen der Bauart Y und am Schluß Modernisierungswagen. **Aufnahme: Detlef Hommel**

Rechts: Nur aus der Vogelperspektive ist die Funktion des dieselbetriebenen Heizkessels der 110 so schön zu begutachten. Der Standort des Fotografen ist bekannt, aber nur wenige haben von dieser Stelle ihre Bilder in den Kasten bekommen: die Signalbrücke in Wiesenburg/Sachs, die Jahrzehnte später zum Pflichtprogramm vieler Eisenbahnfreunde bei Sonderfahrten und Plandampfveranstaltungen gehörte. Dort konnten am 7. Mai 1976 110 781 mit P 8691 (Wiesenburg – Grünstädtel) sowie 86 1270 mit P 9623 (Zwickau – Wiesenburg) im Bild festgehalten werden. **Aufnahme: Günter Meyer**

Zugkreuzung in Ziegenrück am 11. Juli 1988. 114 252 verlässt mit P 18063 nach Blankenstein den idyllischen Bahnhof an der Saale. **Aufnahme: Thomas Frister**

Oben links: Diesen langen Leerpersonenzug aus sechs Bghw-Wagen und zwei vierteiligen Doppelstockeinheiten ziehen 110 341 und 01 1516 am 16. März 1973 durch den Bahnhof Ostkreuz. Die Schnellzuglok des Bw Ostbahnhof wird reichlich vier Jahre später durch die Explosion ihres Kessels im Bahnhof Bitterfeld in die Schlagzeilen geraten.
Aufnahme: Dr. Winfried König

Oben rechts: Keine Mühe hat 110 426 vom Bw Halberstadt mit diesem kurzen Gex, der im April 1972 auf dem Magdeburger Hauptbahnhof zur Abfahrt bereit steht. Bemerkenswert sind die beiden alten preußischen Schnellzugpackwagen, die im Jahr 1972 schon zu den Raritäten gehören.
Aufnahme: Dieter Wünschmann

Links: 112 334 vom Bw Zittau ist an einem schönen Julitag des Jahres 1988 mit P 9824 bei Neusalza-Spremberg nahe der Grenze zur Tschechoslowakei auf dem Weg nach Wilthen.
Aufnahme: Dr. Winfried König

Unterwegs mit der V 180

1960 wurden die ersten Baumuster der V 180 fertiggestellt. Die zweimotorigen Maschinen mit hydraulischer Leistungsübertragung wurden damals nicht ohne Stolz „erste DR-Großdiesellokomotiven" genannt. Bis 1970 beschaffte die DR 373 Lokomotiven in unterschiedlichen Ausführungen. V 180 062 dient im September 1965 als Zuglok zur Ermittlung neuer Wagenwiderstandsbeiwerte an KKt-Wagen. Hinter der V 180 der Meßwagen I der VES-M Halle und 19 015 im Bahnhof Pillgram (Strecke Frankfurt/Oder – Erkner).
Aufnahme: Hans-Joachim Lange

Oben links: Das zweite Baumuster, V 180 002, wurde ebenso wie die erste Maschine nicht von der DR übernommen, aber ausgiebig erprobt. Im Frühjahr 1962 weilte die Maschine im Bw Dresden-Pieschen.
Aufnahme: Georg Otte/EK-Verlag

Oben rechts: Die Maschinen der Null- und Kleinserie trugen unterschiedliche Farbgebungen. Beispielsweise V 180 006, die am 26. August 1967 mit dem D 31 (Leipzig – Berlin-Lichtenberg) den Bahnhof Berlin-Schönefeld verläßt.
Aufnahme: Hans-Joachim Lange

Rechts: Auch V 180 005 wich sehr stark von der späteren Normalausführung ab. Sie trug zudem an der Seite Metallschilder mit der Aufschrift „VI. Parteitag“. Im Sommer 1968 spannte sie in Dresden-Neustadt einer 01 vor.
Aufnahme: Dieter Wünschmann

Auf dem Weg von Eisenach nach Meiningen hat die Eisenacher V 180 103 am 23. September 1967 die Blockstelle Höpfen erreicht. Der Zug aus sechs Bag-Wagen wird der 2.000 PS starken Lokomotive trotz der beachtlichen Steigung nicht die volle Leistung abverlangen. Der Blick auf das mit Sand zugesetzte Streckengleis nach Förtha erinnert auch an die Härte des Dampfbetriebes: Das Anfahren am Blocksignal musste oftmals durch ein zusätzliches Sanden bewerkstelligt werden.
Die V 180 haben auf den schwierigen Südthüringer Strecken schon zeitig die Dampflokomotiven zumindest teilweise ersetzt: Die abgebildete V 180 103 wurde als erste Lok dieser Baureihe am 31. Dezember 1965 dem Bw Eisenach zugewiesen.
Aufnahme:
Hans-Joachim Lange

Links: Hochbetrieb herrschte im Sommer 1971 auf dem Bahnhof Zentralflughafen Berlin-Schönefeld. Während 118 111 mit ihrem Schnellzug gerade angekommen ist und die Reisenden den Zug verlassen, setzt sich die wenige Minuten zuvor angekommene 03 2096 schon wieder in Bewegung, um die letzten Kilometer bis zum Ostbahnhof oder nach Berlin-Lichtenberg zurückzulegen.
Aufnahme: Gerhard Greß

Rechts: Solche Züge waren ausgangs der sechziger Jahre keinesfalls die Ausnahme. Die erst wenige Monate alte V 180 292 vom Bw Leipzig Hbf Süd bespannt auf der Muldentalbahn den aus alten preußischen Abteilwagen gebildeten P 1577 (Leipzig – Rochlitz). Das Bild zeigt auch die erst kurz zuvor fertiggestellte militärische Verbindungskurve zwischen der Muldentalbahn und der Strecke Leipzig – Döbeln.
Aufnahme: Hans-Joachim Lange

118 149 vom Bw Dresden rollt im Sommer 1973 mit zwei Doppelstockeinheiten durch das schöne Elbtal bei Rathen. **Aufnahme: Hans-Jürgen Simon**

Wie in alten Zeiten grüßt der Wärter beim Posten 6 am 21. August 1976 den mit 118 314 bespannten Schnellzug Berlin – Dresden. **Aufnahme: Michael Malke**

118 381-3
118 024-9

Links: Im Lokbahnhof Ilmenau des Bw Arnstadt lösten die sechsachsigen 118 die Dampflokbaureihen 65 und 94 ab. Im Spätsommer 1975 gab es auf der Strecke nach Großbreitenbach noch altes Wagenmaterial zu sehen. 118 348 rumpelt mit diesem schönen Zug an einem frisch abgeernteten Getreidefeld in den Thüringer Wald. Heute ist die Strecke längst stillgelegt, nur 118 348 hat als spätere 228 748 die Zeiten überdauert und ist seit dem Jahr 2000 als Lok 206 bei der Mitteldeutschen Eisenbahn (Buna) in Betrieb.
Aufnahme: Herbert Schneider

Linke Seite: Reizvoll sind immer wieder Aufnahmen bei Nacht. Der Zufall wollte es, dass am Abend des 22. Dezember 1980 die Lokomotiven 118 381 und 118 024 gut ausgeleuchtet am Bahnsteig des thüringischen Bahnknotens Saalfeld in Positur standen. Die vierachsige 118 024 stand für die Bespannung des P 3028 nach Gera bereit, die sechsachsige 118 381 für eine Güterzugleistung nach Arnstadt.
Aufnahme: Detlef Hommel

Rechts: „Fahrt frei mit Höchstgeschwindigkeit" signalisiert das Blocksignal von Böhla am 21. August 1976 dem Berliner Schnellzug mit 118 395, der bis zu seinem Zielbahnhof Dresden Hbf nur noch eine knappe halbe Stunde Fahrt vor sich hat.
Aufnahme: Herbert Schneider

Bestens gepflegt zeigt sich 118 032 vom Bw Gera am 3. Juli 1974 mit dem Gex 2909 (Bad Salzungen – Görlitz) im Bahnhof Schmölln. **Aufnahme: Thomas Frister**

Oben: Am 27. Mai 1969 konnte Günter Meyer diese schöne Begegnung zweier Diesellokomotiven im Bahnhof Arnsdorf im Bild festhalten. V 180 142 ist mit einem Schnellzug aus Richtung Bischofswerda eingefahren, während V 100 114 mit einem Personenzug aus Pirna am Bahnsteig wartet.
Aufnahme: Günter Meyer

Rechts: Die Stirnansicht von 118 266 vom Bw Gera zeigt sehr schön die ausgewogene und zeitlos elegante Formgestaltung der V 180. Mit einem Kesselwagenzug aus Mehltheuer steht die Lokomotive am 29. April 1976 im Bahnhof Loitsch-Hohenleuben, um nach der Zugkreuzung weiter in Richtung Weida zu fahren.
Aufnahme: Thomas Frister

118 133 vom Bw Leipzig Hbf Süd ist am 22. Juni 1978 mit dem D 403 (Leipzig – Nürnberg) auf der Fahrt zum Grenz- und Lokwechselbahnhof Probstzella nahe Unterloquitz fast am Ziel der Fahrt angekommen. Nichts erinnert angesichts der eingleisigen Strecke daran, dass auf der Frankenwaldbahn bis Kriegsende der Großteil der Verkehrs zwischen Berlin und München lief. **Aufnahme: Thomas Frister**

Mit Interesse wurden die modernen DR-Dieselloks auch auf den DB-Grenzbahnhöfen in Augenschein genommen und natürlich auch fotografiert. Die DR legte großen Wert darauf, auf den Lokwechselbahnhöfen zur DB den angelaufenen Traktionswechsel mit modernen Lokomotiven zu dokumentieren und beheimatete aus diesen Gründen die neuen Lokomotiven in den Bahnbetriebswerken, die DB-Bahnhöfe anliefen. Im Spätwinter und Sommer 1968 konnte Gerhard Greß in Helmstedt alle drei Bauformen in Gestalt der Lokomotiven V 180 072, V 180 076, V 180 168 und V 180 206 im Bild festhalten. Die modernen Dieselloks hatten im Interzonenverkehr teilweise schon die Baureihen 01, 03 und 41 verdrängt.
Aufnahmen (3): Gerhard Greß

Ein Großteil der Lokomotiven der Unterbaureihe 118^0 wurde in den achtziger Jahren mit je zwei 1.000-PS-Motoren ausgerüstet. Zur Unterscheidung der 1.800-PS-Ausführung erhielten diese leistungsgesteigerten Maschinen die Bezeichnung 118^5. Eine dieser Loks, 118 508, befindet sich im August 1986 mit dem D 1715 nahe der Blockstelle Blindow auf der Fahrt nach Süden. Das Bild zeigt auch, dass sich das Wagenmaterial in den achtziger Jahren geändert hatte. Anstelle der Bghw-Wagen bilden nun Mitteleinstiegswagen der Gattung Bmh das Rückgrat des Schnellzugdienstes. **Aufnahme: Dr. Winfried König**

Rechts: „Gardinenzüge" wurden die Militärschnellzüge der sowjetischen Besatzungsmacht mit ihren auffälligen Breitprofilwagen genannt, die zwischen den großen Garnisonsstädten der DDR und Brest in der Sowjetunion verkehrten. Auch Erfurt war Ziel- und Ausgangsbahnhof dieser Verbindungen. 118 784 steht am 17. Juli 1983 mit einem solchen Zug vor dem historischen Empfangsgebäude der thüringischen Stadt.
Aufnahme: Hans Schneeberger/ Sammlung Detlef Hommel

Links: Drei Lokomotiven der Baureihe V 180 fertigte der Hersteller „VEB Lokomotivbau Karl-Marx Babelsberg" mit abweichenden Führerständen aus Kunststoffen, die zudem noch völlig anders gestaltet waren. Eine der drei Loks war 118 203, die übrigens als einzige dieser Sonderlinge später in die Regelausführung umgebaut wurde und so heute noch existiert. Im Sommer 1974 hat die im Bw Halle P beheimatete Lok mit einem Schnellzug aus Richtung Halle kommend das Vorfeld des Leipziger Hauptbahnhofs erreicht.
Aufnahme: Dieter Wünschmann

Die ersten DR-Neubauelloks

Links: Wenige Wochen nach Aufnahme des elektrischen Betriebes von Apolda nach Erfurt und Neudietendorf im September 1967 entstand in Erfurt Hbf dieses Bild zweier E 11, die mit ihren Zügen zur Abfahrt in Richtung Weimar stehen. Wie das Bild belegt, trugen die Maschinen damals noch Lokschilder mit den breiten Ziffern.

Aufnahme:
DR/Sammlung Detlef Hommel

Linke Seite: Die Güterexpresszüge (Gex) der DR boten noch in den späten siebziger Jahren ein ausgesprochen buntes Bild. Auf dieser Aufnahme, die im Juni 1978 in Naumburg Hbf entstandt, verlässt 211 022 vom Bw Halle P mit einem solchen Zug die Saalestadt in Richtung Erfurt. Hinter der Lok ein preußischer Oberlichtschnellzugwagen, der offenbar frisch aufgearbeitet als Dienstwagen noch Verwendung fand.

Aufnahme: Herbert Schneider

Rechts: Die Lokparade vor dem Rechteckschuppen des Bw Halle P dokumentiert im Sommer 1970 die zumindest hier noch deutlich vorhandene Präsenz der Elektroloks aus der Vorkriegszeit. Ganz links Neubaulok 211 019, die sich hier in Gesellschaft von 244 124, 244 138, 254 069, 254 021 und 244 178 befindet.

Aufnahme:
Dieter Wünschmann

Oben links: Das waren noch Schnellzüge! Zwei Doppelstockgliederzüge (1.000 Sitzplätze!), in der Mitte des Zugverbandes sehr fahrgastfreundlich ein Mitropa-Speisewagen und hinter der Lok ein Wagen der Bundespost. Für 211 064 sicher keine „leichte Fuhre“, denn der schwere Zug will erst einmal auf 120 km/h beschleunigt werden. Aufgenommen wurde diese damals alltägliche Zuggarnitur im Sommer 1975 in Neuwiederitzsch.
Aufnahme: Dieter Wünschmann

Oben rechts: Vor einer Zuggarnitur aus DB-Eilzugwagen, die die Bundesbahn im Fernverkehr noch lange in die DDR schickte, hat sich 211 036 am 19. Juli 1975 in Magdeburg Hbf gesetzt.
Aufnahme: Detlef Hommel

Links: Ärger hatte im Juli 1970 das Personal der 211 028 in Leipzig Hbf: Wegen eines Bügelschadens (die Wippe des Stromabnehmers fehlt!) waren Arbeiten notwendig, von denen die Leiter an der Maschine zeugt. Neben der Leiter ist eine Plakette am Lokkasten zu sehen, die an die Aufnahme des elektrischen Betriebes auf dem „Sächsischen Dreieck“ erinnert.
Aufnahme: Dieter Wünschmann

211 002 vom Bw Halle P und Museumslok 38 1182 vom Bw Gera warten am 5. Mai 1985 im Vorfeld des Leipziger Hauptbahnhofs auf die Bespannung ihrer Züge. **Aufnahme: Rainer Heinrich**

Links: Die noch grün lackierte 211 045 (Bw Leipzig Hbf West) rauscht am 1. Juni 1979 mit einem Gex aus Leipzig dem nächsten Halt in Crimmitschau entgegen. Auf dem Streckenabschnitt von Gößnitz nach Werdau wurde erst kurze Zeit zuvor wieder das nach Kriegsende abgebaute zweite Gleis in Betrieb genommen. Der Güterexpresszug besteht schon zum Großteil aus den eigens für den Expressgutverkehr beschafften Wagen.
Aufnahme: Thomas Frister

Rechts: Ein schnelles Bild aus dem fahrenden Zug in Bitterfeld zeigt am 26. Juni 1967 die abgebügelte E 11 014 vom Bw Weißenfels, die auf einem Stumpfgleis auf die Rückleistung nach Thüringen wartet. Im Hintergrund die Qualm und Dreck speienden Industrieanlagen des unwirtlichen Ortes an der Hauptstrecke Berlin – Halle/Leipzig. Heute sind diese Industrieanlagen nicht mehr vorhanden.
Aufnahme: Günter Meyer

Oben: Beide Typen der ersten Generation der 15-kV,16-2/3-Hz-Elloks der DR stehen im Frühjahr 1983 nebeneinander im Bf Wurzen. Die unterschiedliche Ausführung der seitlichen Lüftergitter an 211 028 und 242 030 ist gut zu erkennen. Beide Loks haben schon den bordeauxroten Anstrich mit breiten umlaufenden Zierstreifen. **Aufn.: Dieter Wünschmann**

Oben: Die fähnchengeschmückte 211 014 hat sich am 25. August 1984 in Leipzig Hbf an die Spitze eines Schnellzuges in Richtung Magdeburg gesetzt. An der Lok läuft die übliche Prozedur ab: Nach dem Aufbügeln wird die Bremsprobe durchgeführt, der ausgesprochen korrekt gekleidete Zugführer übergibt anschließend den Bremszettel. **Aufnahme: Gerhard Greß**

Links: Aus den ersten Betriebsjahren der E 11 stammt dieses Bild. Die noch mit Schürze ausgerüstete E 11 007 durcheilt am 20. Juli 1969 mit hoher Geschwindigkeit mit D 219 (Paris – Berlin Stadtbahn) Dessau. Hinter dem DR-Wagen ist einer der SNCF eingereiht, dem vier DB-Wagen und am Zugschluss ein weiterer der DR folgen. **Aufnahme: Hans-Joachim Lange**

Links: Alle drei Traktionsarten sind bei genauer Betrachtung dieses Bildes zu erkennen. Vorne erregt E 42 014 am P 1050 (Zwickau – Plauen ob Bf) das Interesse eines Hobbyfotografen, links wartet VT 2.09.068 als T 3778 nach Greiz auf Ausfahrt, und ganz hinten ist noch die Dampffahne der sächsischen 89 259 auszumachen, denn an diesem 24. Oktober 1965 wurde das 100-jährige Bestehen der Strecke Neumark – Greiz mit einem Sonderzug gefeiert. 35 Jahre später legte die DB die Strecke still …
Aufnahme: Günter Meyer

Rechts: Aus den geöffneten Toren des sichtbar baufälligen Schuppens des Bw Karl-Marx-Stadt Hbf blicken E 42 020, E 42 018 und E 42 012 in das Tageslicht des 10. Mai 1966. Alle drei Elloks besitzen noch die Frontschürzen, die den Maschinen einen recht eleganten Eindruck verleihen. Elloks wurden im ehemaligen Bw Chemnitz Hbf heimisch, nachdem Mitte der sechziger Jahre schrittweise auf der Strecke Zwickau – Dresden der elektrische Betrieb aufgenommen wurde. Die E 42 war bis zum Erscheinen der Baureihen 250 und 243 **die** Lokomotive auf der „DW"-Linie (Dresden – Werdau).
Aufnahme: Günter Meyer

Oben: Die Baumusterlok E 42 001 steht im Frühjahr 1964 abgestellt im Raw Dessau, das während des gesamten Betriebszeitraumes für die DR-Neubauelloks zuständig war. Die Indienststellung der ersten E 42 datiert vom 11. April 1963, übrigens Monate später als E 42 002. Die weiteren 21 Loks des Baujahres 1963 (E 42 003 bis E 42 023) wurden anschließend in kurzen Abständen bis zum September 1963 der DR übergeben. Während die ersten elf Loks zur Rbd Dresden kamen, gelangten die restlichen zur Rbd Halle.

Rechts: Diese Plakette anläßlich der Aufnahme des elektrischen Betriebes auf der Strecke Freiberg – Dresden am 23. September 1966 war am Lokkasten von E 42 100 angebracht. Im Oktober 1969, als dieses Bild im Bahnhof Klingenberg-Colmnitz aufgenommen wurde, hatte ein vorausschauender Schildersammler das Gußschild „Bw Karl-Marx-Stadt" wohl bereits in seinen Besitz gebracht. Wahrscheinlich eine gute „Investition", denn 21 Jahre später trugen die Loks wieder das Schild „Bw Chemnitz"...
Aufnahmen: Georg Otte/EK-Verlag

Nicht wegzudenken war die 242 im Personenzugdienst der DR. 242 063 wird am 28. Juli 1987 mit ihrem Personenzug von Erfurt nach Halle/Saale gleich Bad Kösen erreichen. **Aufnahme: Thomas Frister**

Der Großteil aller 242 wurde jedoch im Güterverkehr benötigt. 242 025 verläßt im Juli 1983 mit einem Ganzzugpendel nach Großkorbetha den Bahnhof Espenhain. **Aufnahme: Dieter Wünschmann**

Oben links: Auf der steigungsreichen Strecke Dresden – Reichenbach/Vogtl oblag den 242 auch der Schnellzugdienst. 242 162 trug im Spätsommer 1977 noch den alten grünen Anstrich, als sie am 18. September mit dem D 466 (Görlitz – München) zwischen Glauchau und Glauchau-Schönbörnchen aufgenommen wurde. Der Zug aus sieben DB-Wagen dürfte der am 6. Juni 1969 in Dienst gestellten Maschine keine Mühe bereitet haben. Wie viele Loks der Rbd Dresden besaß auch sie einen Schneeräumer.
Aufnahme: Thomas Frister

Oben rechts: Einige der 120 km/h schnellen 211 baute die DR in den achtziger Jahren wegen des großen Bedarfs an Güterzuglokomotiven in 242 um. Dabei wurde lediglich das Übersetzungsverhältnis zwischen Motorritzel und Großrad geändert. Die so umgebauten, 100 km/h schnellen Loks erhielten zur Unterscheidung die Baureihenbezeichnung 242^3. Die ehemalige 211 093, nun 242 393, rollt im Juli 1986 über den Leipziger Güterring.
Aufnahme: Dieter Wünschmann

Links: Auch in der DDR gab es den „Weißen Riesen“ – allerdings nur in Gestalt solcher Kalizüge. Die gewaltige Düngerfahne verwandelte die Gleise vielfach in die Jahre später beschworenen „blühenden Landschaften“. Mit Höchstgeschwindigkeit durcheilt ein solcher Zug mit 242 211 im August 1976 den Bahnhof Weißenfels. Der Fotograf hatte anschließend gerade noch Zeit, die schützende Sonnenbrille aufzusetzen …
Aufnahme: Dieter Wünschmann

Hochbetrieb herrschte stets am Bk Steinpleis zwischen Werdau und Zwickau. 242 047 hat mit dem D 561 aus Berlin am 13. April 1987 den Zielbahnhof fast erreicht. **Aufnahme: Thomas Frister**

Links: 242 132 vom Bw Weißenfels hat an einem trüben Frühjahrstag 1974 den Bahnhof Naumburg/Saale erreicht. Am Zughaken ein Ganzzug mit Kalitransportwagen, der als Leerzug vom Hafen Wismar wieder in das Sütthüringer Fördergebiet zurück rollt. Neben dem Kohletransport spielte der Kaliverkehr bei der DR eine ganz wichtige Rolle, galt doch der Dünger als wichtiges Exportgut, das über den Hafen Wismar verschifft wurde. Im Hintergrund die Gitterbrücke der Nebenbahn Naumburg/Saale – Teuchern.
Aufnahme: Gerhard Greß

Rechts: Auf der Fahrt von Dresden nach Riesa befindet sich im Sommer 1973 242 092. Der Zug besteht größtenteils aus Mitteleinstiegswagen, die in größerer Stückzahl (200) ab 1955 von der DR aus dem VEB Waggonbau Bautzen beschafft wurden. Diese Wagen kamen zuerst im Schnellzugverkehr zum Einsatz, wanderten aber schon ausgangs der sechziger Jahre mehr und mehr in den Personenzugdienst ab. Ein anderer Teil dieser Wagen fand ab 1969 auf der S-Bahn in Leipzig Verwendung. Die letzten Wagen wurden erst nach 1991 ausgemustert.
Aufnahme: Georg Otte/EK-Verlag

Zahlreiche Lokomotiven der Baureihe 242 wurden in Unfälle verwickelt. So auch 242 167, die im Bahnhof Radebeul West am 17. März 1971 bei permissivem Fahren und dichtem Nebel auf einen am Einfahrsignal stehenden Zug auffuhr. Die Lok des Bw Karl-Marx-Stadt wurde dabei schwer beschädigt. Aufgenommen wurde das Bild im Bw Dresden-Friedrichstadt. **Aufnahme: Georg Otte/Ek-Verlag**

Oben: Einen Auffahrunfall erlitt auch 242 052, die im September 1979 während der anschließenden Zerlegearbeiten im Bw Leipzig Hbf West fotografiert wurde.
Aufnahme: Michael Malke

Links: Mit welcher Wucht Frontalzusammenstöße von Zügen die scheinbar stabilen Führerstände der modernen Lokomotiven zerstören, belegt dieses Bild. Der Lokführer hat angesichts dieser Deformationen keinerlei Chance zum Überleben, da sich der Wagen bis fast zur Fahrzeugmitte in die Lok bohrte. Dieser Unfall ereignete sich 1980 in Leipzig. Neben 242 024 wurde auch die Unfallgegnerin der Baureihe 132 schwer beschädigt.
Aufnahme: Herbert Schneider

251 007 rollt an einem schönen Maitag des Jahres 1986 in den Bahnhof Rübeland im Harz. Die Steilrampe von Blankenburg/Harz nach Königshütte war die einzige von der DR mit 25 kV, 50 Hz betriebene Strecke und wurde ausschließlich wegen des dort umfangreichen Güterverkehrs elektrifiziert. **Aufnahme: Dieter Wünschmann**

Oben: Über das Krocksteinviadukt rollt am 2. Juli 1983 eine 251 mit den für die Rübelandbahn typischen Kalkbehälterwagen. Alle Güterzüge verkehren stets mit je einer Lok an Zugspitze und -ende.
Aufnahme: Detlef Hommel

Rechts: Am 30. März 1966 konnte Hans-Joachim Lange die frisch gelieferte E 251 008 auf dem Bahnhof Michaelstein fotografieren. Der volle elektrische Betrieb auf der Rübelandbahn wurde erst im August 1966 aufgenommen.
Aufnahme: Hans-Joachim Lange

Oben: Die auf der Leipziger Frühjahrsmesse von der DDR-Industrie vorgestellten Lokomotiven besaßen zumeist eine abweichende, dafür aber besonders attraktive Farbgebung. Die 50-Hz-Lok E 251 006 versah der Hersteller LEW Hennigsdorf mit einer blauen Lackierung und zwei weißen Zierstreifen und stellte sie so im März 1966 der Öffentlichkeit vor. **Aufnahme: Horst Schrödter**

Neue Triebwagen für die Deutsche Reichsbahn

Die DR-Leichttriebwagen übernahmen nach Beginn ihrer Lieferungen im Jahr 1962 auf zahlreichen Nebenstrecken den Reisezugdienst und lösten hier die vielfach veralteten und verschlissenen Dampflokomotiven und Wagen ab, die die DR zum Teil im Jahr 1949 von den Privatbahnen übernommen hatte. 171 010 vom Bw Hoyerswerda, ein Triebwagen aus den ersten Lieferungen des Jahres 1963, ist im Frühjahr 1975 auf der Strecke Bad Schandau – Neustadt/Sachs unterwegs.
Aufnahme: Dieter Wünschmann

Zeitig wurde auch im Vogtland ein Teil der Strecken mit den neuen Triebwagen bedient. Auf der Strecke Greiz – Neumark lösten die VT 2.09 die Baureihe 75^5 ab. Am 24. Oktober 1965 steht der knapp ein Jahr alte VT 2.09.068 im Bahnhof Greiz. **Aufnahme: Günter Meyer**

Oben rechts: Trotz der modernen Triebwagen bot der hübsche Lokbahnhof mit Rechteckschuppen und Wasserturm im nordthüringischen Bad Tennstedt am 15. Oktober 1986 noch richtige Nebenbahnstimmung. Triebwagen 171 049 und Beiwagen 171 850 werden dort für den kommenden Dienst auf den Strecken nach Bad Langensalza und Straußfurt vorbereitet. Auch diese Strecken sind mittlerweile stillgelegt.
Aufnahme: Detlef Hommel

Links: Die wohl spektakulärsten LVT-Einsätze leistete das Bw Leipzig Hbf Süd auf der Relation Leipzig Hbf – Trebsen. Bis zu sieben Trieb- und Steuerwagen in einem Zugverband konnten hier viele Jahre im Einsatz bewundert werden. Eine solche Garnitur verlässt am 6. August 1978 als P 7703 mit dem führenden 171 035 den Hauptbahnhof in Leipzig.
Aufnahme: Michael Malke

Oben: VT 2.09.049 wird im September 1964 in seinem Heimat-Bw Erfurt P betankt. Für die neuen DR-Leichttriebwagen entstanden in den Bahnbetriebswerken und häufig auch an den Endbahnhöfen der Einsatzstrecken solche Tankstellen zur Versorgung der Fahrzeuge.
Aufnahme: DR/Sammlung Detlef Hommel

Links: In den achtziger Jahren standen bei der DR auf vielen Bahnhöfen noch die alten Wasserkräne, die noch eine Zeit lang unterhalten und gewartet wurden. Am 13. September 1984 rollt von Leipzig-Plagwitz kommend P 6083 in den Bahnhof Zeitz. Die dreiteilige Garnitur besteht aus dem Triebwagen 171 058, dem Beiwagen 171 814 und am Schluß aus dem Triebwagen 171 014.
Aufnahme: Thomas Frister

Die große Signalgruppe in Wustermark bot sich geradezu für ein Bild mit einem DR-LVT an, konnte der Fotograf sowohl den ganzen Triebwagen wie auch die Signale formatfüllend in Szene setzen. Derartige Signalgruppen, bestehend aus mehreren Formhauptsignalen mit Vorsignalen, fanden sich früher auf vielen größeren Bahnhöfen. Die hohen Signalmasten sicherten zudem dem Lokpersonal eine gute Erkennbarkeit auch aus weiter Entfernung. Das Bild mit 172 138 als T 9417 entstand im November 1986.
Aufnahme: Dr. Winfried König

Oben links: Erfolglos blieben die beiden Baumuster eines vierachsigen LVT, die vom VEB Waggonbau Bautzen gefertigt wurden. Das Baumuster 1, später VT 4.12.01, konnte Georg Otte werksneu bei der Überführungsfahrt vom Hersteller zur Leipziger Frühjahrsmesse im März 1965 im Bahnhof Coswig fotografieren.
Aufnahme: Georg Otte/EK-Verlag

Oben rechts: Im Norden des DR-Netzes standen die Triebwagen der Baureihen 171 und 172 auf zahlreichen Strecken im Einsatz. Diese vierteilige Einheit, geführt von 172 005, hat am 10. Mai 1981 als T 4104 (Neustrelitz – Wittenberge) Perleberg erreicht.
Aufnahme: Dr. Winfried König

Rechts: Der kleine Bahnhof Syrau an der Strecke Plauen – Hof war vor allem durch die Bahnsteigüberdachung und die Signalbrücke bemerkenswert. Die Reichenbacher LVT der Baureihe 172 bewältigten bis Mai 1990 den Verkehr zwischen Plauen/Vogtl ob Bf und dem Grenzbahnhof Gutenfürst. Am 7. April 1985 ist dort T 8666 aus Gutenfürst mit Steuerwagen 172 729 und Triebwagen 172 129 zum Halten gekommen.
Aufnahme: Thomas Frister

Der zweite vierachsige DR-LVT, VT 4.12.002, später 173 002, wartet am 6. Oktober 1975 im Bf Beeskow auf die Weiterfahrt. **Aufnahme: Herbert Schneider**

Ausgesprochen elegant und beliebt waren die ab 1964 im VEB Waggonbau Görlitz gebauten Schnelltriebwagen VT 18.16, die bis 1981 im internationalen Dienst standen. Am 18. Juni 1979 durcheilen ein vier- und ein fünfteiliger 175 als Ext „Karlex" auf dem Weg von Karlsbad nach Berlin das Vogtland bei Ruppertsgrün. **Aufnahme: Thomas Frister**

Oben links: Den ersten Teil der Fahrt des „Karlex“ von Berlin nach Karlsbad haben die beiden Triebzüge der Baureihe 175 vom Tbw Karlshorst im April 1980 bei der Einfahrt in Leipzig Hbf bereits hinter sich. Nach Karlsbad wird allerdings nur eine Garnitur fahren, die vierteilige Einheit wird in Plauen/V ob Bf, später in Adorf/V, auf die Gegenleistung warten, um das Platzangebot auf den DR-Strecken zu erhöhen.

Rechts: Derselbe Zug eine Viertelstunde später: Nach dem Kopfmachen in Leipzig Hauptbahnhof hat 175 004 die Führung übernommen und passiert die Anlagen des ehemaligen Bw Leipzig Hbf Nord auf der Fahrt Richtung Süden.
Aufnahmen: Dieter Wünschmann

Oben rechts: Auf der Rückfahrt von Malmö nach Berlin hat VT 18.16.06 als Ext 122 „Berlinaren“ nach dem Trajekt über die Ostsee bereits die ersten Kilometer DR-Gleise unter den Rädern, als er am 18. Juni 1968 zwischen Lietzow und Bergen auf Rügen im Bild festgehalten wird.
Aufnahme: Hans-Joachim Lange

Geheimnisumwittert wirkte fast 50 Jahre lang die nicht fertiggestellte Autobahnbrücke (Hof – Plauen) in Pirk. Dort hat am frühen Morgen des 11. Mai 1981 der heutige DB-Museumstriebwagen 175 014 als Ext „Karola" von Leipzig nach Karlsbad den kleinen Bahnhof im Elstertal an der Strecke zum DR-Grenzbahnhof Bad Brambach erreicht. **Aufnahme: Thomas Frister**

Rechts: Ausfahrt für den DR-SVT 175 015 am 8. Juni 1974 aus dem Wiener Franz-Josefs-Bahnhof. Die langjährige und gut bekannte internationale Schnelltriebwagenverbindung „Vindobona" gehörte bis 1979 zu den Stammleistungen der eleganten Schnelltriebwagen.
Aufnahme: Walter Schrenk/ Sammlung Hans-Joachim Lange

Unten links: Zu den wenig beachteten Fahrzeugen gehörten die Oberleitungsrevisionstriebwagen (ORT) der DR, die mit dieser Bezeichnung entsprechende Nummern analog der Triebwagen erhielten. ORT 137 712 entstammt einer Serie von fünf vierachsigen ORT (137 711-715), die die DR 1968 in Dienst stellte. Aufgenommen wurde das Fahrzeug zusammen mit dem zweiachsigen ORT 135 701 im Mai 1969 in Ponitz (Strecke Gößnitz – Werdau).
Aufnahme: Georg Otte/EK-Verlag

Unten rechts: Die Seitenansicht des zweiachsigen ORT 135 706 der Fahrleitungsmeisterei Leipzig. Von dieser Type beschaffte die DR ebenfalls fünf Triebwagen, die bereits 1958 in Dienst gestellt und im VEB Waggonbau Görlitz gefertigt wurden.
Aufnahme: Dieter Wünschmann

Tschechische, sowjetische und rumänische Diesellokomotiven

1962 begann die DR mit dem Import von Diesellokomotiven aus osteuropäischen Staaten. Den Anfang machten Ende 1962 insgesamt 20 Lokomotiven des Typs T 435.0 des tschechischen Herstellers CKD, die im DR-Nummernschema die Bezeichnung V 75 erhielten. 1966 folgte die Baureihe V 200 aus der Sowjetunion, die bis 1974 in 376 Exemplaren beschafft wurde. 1970 begann die Lieferung der ersten Maschinen der V 300-Familie, die als Baureihen 130, 131, 132 und 142 die Hauptlast des Zugverkehrs auf den nicht elektrifizierten Strecken übernahmen. Die Diesellokbeschaffung aus dem Ausland endete im Jahr 1985 mit der Übergabe der 200. Lok der Baureihe 119, die für die DR in Rumänien gebaut wurde und deren Prototyp Ende 1976 bei der DR eintraf.

Oben: 107 014 ist am vorletzten Tag des Jahres 1972 damit beschäftigt, Postwagen auf dem Leipziger Hauptbahnhof umzusetzen. Die am 4. Januar 1963 in Dienst gestellte Maschine wurde 17 Jahre später, am 25. April 1980, an das Braunkohlenkombinat Deuben verkauft.

Links: Verwendet wurden die 107, so die Baureihen-Bezeichnung ab 1970, auch im Verschiebedienst auf den Leipziger Güterbahnhöfen. Auf dem Magdeburg-Thüringer Bahnhof ist 107 002 im August 1973 mit dem Umsetzen dieses Kesselwagenzuges beschäftigt. Die ehemalige V 75 002 wurde am 29. November 1962 bei der DR in Dienst gestellt und fast auf den Tag genau 15 Jahre später am 30. November 1977 zerlegt.
Aufnahmen: Dieter Wünschmann

Oben links: 107 009 wartet auf den Gleisen an ihrem Heimat-Bw Leipzig Hbf West auf die nächste Aufgabe im Verschiebedienst. Als dieses Bild im Mai 1971 entstand, war noch nicht abzusehen, dass die eigenwillig aussehenden Maschinen schon wenige Jahre später aus ihrem angestammten Aufgabengebiet verschwinden würden.

Oben rechts: 107 004 wurde als eine der letzten DR-V 75 im Jahr 1987 an das Zementwerk in Karsdorf verkauft, wo die Lok noch heute im Dienst der dort gegründeten Karsdorfer Eisenbahngesellschaft (KEG) steht.

Rechts: Mit dem Bereitstellen der Züge auf dem Leipziger Hauptbahnhof hatten die tschechischen Loks mit der „bellenden" Aussprache des Dieselmotors genügend zu tun. 107 007 drückt im Mai 1974 einen Schnellzug in die Abstellgruppe.
Aufnahmen: Dieter Wünschmann

Links: Die zahlreichen Lokomotiven der Baureihe V 200 (ab 1970 Baureihe 120) wurden auf allen wichtigen DR-Strecken im Güterzugdienst zwischen der Ostseeküste und den südlichen Mittelgebirgen eingesetzt. Zwei Dresdner Maschinen, 120 330 und 120 233, durchfahren am 7. Juni 1976 mit einem TEEM, von Bad Schandau kommend, den Bahnhof Rathen auf der Elbtallinie.
Aufnahme: Hans-Joachim Lange

Unten links: Ebenfalls mit einem TEEM müht sich die Stralsunder 120 248 am 8. April 1974 bei Burg Stargard auf der eingleisigen Strecke Neubrandenburg – Neustrelitz ab.
Aufnahme: Dr. Winfried König

Unten rechts: Endlos lang ist auch dieser Güterzug, den 120 126 vom Bw Pankow im Mai 1985 durch den Bahnhof Berlin-Kaulsdorf zieht.
Aufnahme: Dr. Winfried König

Auf diesem schön ausgeleuchteten Typenbild von 120 367 vom Bw Gera zeigt sich die „Taigatrommel" im frischen Lack noch mit der vom Hersteller gelieferten Beschilderung. **Aufnahme: Hartmut Michler**

V 200 145 rollt auf der Strecke Berlin – Wittenberge am 14. September 1970 durch den Bahnhof Glöwen. Noch trägt sie die alten Lokschilder, obwohl seit Juni 1970 alle DR-Lokomotiven eigentlich die EDV-gerechte Beschilderung tragen müssten. **Aufnahme: Hans-Joachim Lange**

Links: Die Eisenacher 120 mussten außer als Zugloks im Güterzugdienst auch immer wieder den schweren Schnellzügen in die Bundesrepublik vorspannen. Bei der Fahrt über die Rampe nach Förtha und weiter nach Gerstungen mussten Zug- wie auch Vorspannlok mit voller Leistung arbeiten. Kurz vor dem endgültigen Abschied der Erfurter 01 entstand im Mai 1973 nahe der Blockstelle Höpfen dieses Bild mit der Vorspannlok 120 301 am D 452 Frankfurt/O – Mönchengladbach. Die Wartburg nahe Eisenach ist durch die gewaltige Dampffahne kaum noch zu erkennen.
Aufnahme: Dieter Wünschmann

Rechts: Auf der Elbtallinie bewältigten die 120 bis zur Elektrifizierung im Mai 1976 einen wesentlichen Teil des Güterverkehrs. Hier war die Zugdichte besonders groß, verkehrte doch über diese Strecke ein Großteil des Verkehrs von und in die osteuropäischen RGW-Staaten. Im Mai 1973 ist 120 259 auf dem Weg nach Bad Schandau und fährt dabei durch die herrliche Landschaft der Sächsischen Schweiz.
Aufnahme: Hans-Jürgen Simon

Eine der großen 120-Hochburgen war bis zum Ende des Einsatzes dieser Baureihe das Bw Gera. Vor allem in den achtziger Jahren gehörte zum östlichsten Bahnbetriebswerk der Rbd Erfurt eine stattliche Anzahl dieser Lokomotiven.

Links: 120 300 verlässt zusammen mit der Wismut-V 60 WL 08 am 16. Mai 1988 den Hauptbahnhof von Gera.
Unten links: Hochbetrieb herrschte am 22. Juli 1989 im Bw Gera. 120 304 ist gerade auf die Drehscheibe gefahren, dahinter wartet 120 011.
Unten rechts: Fast 2.500 t Last hatte der täglich zur Uranerzwäsche nach Seelingstädt („Objekt 102") verkehrende Kohlezug aus Zwenkau. Am 18. Juni 1988 sind 120 099 und 120 300 für diesen Dienst eingeteilt. Pünktlich verlassen beide Maschinen den Güterbahnhof des Ostthüringer Bahnknotens.
Aufnahmen: Thomas Frister

Planmäßig fanden die Geraer 120 auch vor Reisezügen Verwendung. 120 011 dröhnt mit dem mittäglichen Schichtwechselzug der Bergarbeiter nach Schmirchau durch Gera-Kaimberg; am Schluss des Zuges schiebt eine Eisenacher 132, die während der kalten Jahreszeit auch die Zugheizung übernahm. **Aufnahme: Thomas Frister**

Auf dem Weg von Wustermark in Richtung Rathenow – Stendal rollt 130 002 des Bw Seddin im Juli 1988 mit einem langen Güterzug aus DB-Wagen (Gattung Es) durch die hochsommerliche Landschaft der Mark Brandenburg. Die Maschine ist als Museumslok in Dresden-Altstadt erhalten geblieben. **Aufnahme: Dr. Winfried König**

Die ab 1970 in Dienst gestellten 130 verwendete die DR notgedrungen hauptsächlich im Güterzugdienst, obwohl sie wegen ihrer Höchstgeschwindigkeit von 140 km/h dafür weniger geeignet waren. Der Einsatz im Reisezugdienst war nur in der warmen Jahreszeit möglich, da die Maschinen über keine Zugheizeinrichtung verfügten. 130 064 wartet im März 1973 im Rangierbahnhof Engelsdorf mit einem langen Kesselwagenzug auf die Ausfahrt. **Aufnahme: Dieter Wünschmann**

Doppeleinfahrt von 131 003 vom Bw Weißenfels und 65 1010 vom Bw Saalfeld in den Bahnhof Göschwitz/Saale im April 1977. Die große Signalbrücke über die hier parallel verlaufenden Gleise der Saalbahn (links) und der Weimar-Geraer Bahn (rechts) ist schon montiert, die beiden Formsignale sind aber noch in Betrieb. **Aufnahme: Herbert Schneider**

Rechts: 142 002 vom Bw Stralsund befördert im August 1989 auf dem bereits elektrifizierten Abschnitt der Strecke Stralsund – Berlin nahe Pasewalk einen Güterzug. Der lange Zug wird der 4.000 PS starken Lokomotive keine besonderen Schwierigkeiten bereiten. Eigentlich wollte die DR wesentlich mehr dieser leistungsstärksten DR-Diesellokomotiven beschaffen. Das ausgangs der siebziger Jahre angelaufene Elektrifizierungsprogramm der DR verhinderte jedoch die Lieferung weiterer Maschinen.
Aufnahme: Dr. Winfried König

Links: 130 005 müht sich am 16. Juni 1972 bei Berlin-Grünbergallee mit einem langen Gag über die Gleise. Seit ihrer Indienststellung am 21. Juli 1970 gehörte die Maschine zum Bw Halle G und war hauptsächlich im schweren Güterzugdienst eingesetzt.
Aufnahme: Dr. Winfried König

Auch das Bw Neustrelitz setzte viele Jahre die Maschinen der Baureihe 130 ein, die vor allem im Güterzugdienst nach Berlin Verwendung fanden. Containerzüge waren ab 1969 bei der DR die moderne Art der Güterbeförderung. 130 030 verlässt am 4. Oktober 1971 mit dem Ce 43812 den Bahnhof Berlin Greifswalder Straße. **Aufnahme: Dr. Winfried König**

Oben: Auf der Strecke Prenzlau – Angermünde müht sich im Juni 1986 die Stralsunder 142 005 mit einem schweren Kesselwagenzug nahe Wilmersdorf ab. **Aufnahme: Dr. Winfried König**

Rechte Seite: Zu Messfahrten am frisch hauptuntersuchten 175 013 wurde im Sommer 1973 130 055 vom Bw Halle G herangezogen. **Aufnahme: Ruth Pelliccioni**

130 055
175 013-2
DR
RIC

Links: Die DR setzte ihre Lokomotiven der Baureihe 132 auf fast allen nichtelektrifizierten Strecken ein. Im schweren Schnellzugdienst dieser Strecken trugen die Maschinen die Hauptlast des Verkehrs. Gleich zwei 132 ziehen hier den aus zehn Wagen gebildeten D 935, der im Juli 1986 bei Ludwigslust fotografiert wurde.
Aufnahme: Dr. Winfried König

Rechts: Der Militärschnellzug Magdeburg – Brest rollt im Juli 1990 durch Potsdam Hbf, geführt von 132 289 vom Bw Magdeburg, die sich damit in guter Gesellschaft der Breitprofilwagen der Sowjetischen Staatsbahn befindet. Doch solche Züge gab es in der damaligen Sowjetunion nicht zu sehen, da nur wenige bauartgleiche Loks an dortige Industriebetriebe geliefert wurden.
Aufnahme: Dr. Winfried König

132 504 von Bw Reichenbach verlässt am 13. Juni 1977 mit dem erst seit wenigen Monaten verkehrenden Städteexpresszug „Sachsenring" (Zwickau – Berlin) den Hauptbahnhof von Karl-Marx-Stadt. Der Bahnhof des einstigen Chemnitz, das seit 1990 diesen Namen wieder trägt, erhielt erst Jahre zuvor eine neue Bahnsteighalle. **Aufnahme: Günter Meyer**

Im schönen Saaletal bei Uhlstädt ist 132 215 am 25. Mai 1985 mit einem langen Durchgangsgüterzug auf dem Weg nach Saalfeld. **Aufnahme:Thomas Frister**

Rechts: Mit diesem 15 Wagen langen Sonderzug anlässlich einer der zahlreichen Großveranstaltungen, die in der DDR immer wieder abgehalten wurden, fährt 132 358 am 9. Juni 1987 durch den Hauptbahnhof von Gera. Selbst einzelne Doppelstockwagen wurden diesen Zügen zur Erhöhung des Platzangebotes beigestellt.
Aufnahme: Thomas Frister

Links: 132 497 vom Bw Ostbahnhof schleppt im Juli 1984 den von einer 211 gezogenen D 2053 in den Bahnhof Berlin-Lichtenberg. Die Fahrleitung nahe des Biesdorfer Kreuzes in Berlin war zum Aufnahmezeitpunkt noch nicht fertig, und so wurden die Züge unter Vorspann einer Diesellok mit der Ellok bis in die Berliner Fernbahnhöfe gezogen.
Aufnahme: Dr. Winfried König

Sie hatte nur ein kurzes Leben: die Baumusterlok 119 001, die ab 26. Januar 1977 bei der VES-M Halle ausgiebig erprobt wurde. Die Einzelgängerin ohne Zugheizung wurde am 7. April 1980 zum Bw Probstzella umbeheimatet, wo die Lok allerdings nur wenig in Betrieb stand. Schon im Juni 1981 wurde sie abgestellt und im Mai 1985 verschrottet. Aufnahmen von der Maschine im Betriebseinsatz sind folglich nicht im Übermaß vorhanden. Am 16. Mai 1980 konnte sie vor einem Güterzug von Saalfeld nach Probstzella nahe Unterloquitz im Bild festgehalten werden. **Aufnahme: Thomas Frister**

Links: Mitte der achtziger Jahre begann die DR, ihre 119 anlässlich fälliger Hauptuntersuchungen in der sogenannten „Sparlackierung" auszuliefern. Dabei wurde der sonst umlaufende elfenbeinfarbene Streifen nur noch an den beiden Stirnseiten ausgeführt. Eine dieser Maschinen war 119 014 vom Bw Probstzella, die am 16. Mai 1986 mit dem P 18004 von Sonneberg nach Saalfeld die Formsignale des Bahnhofs Kaulsdorf passiert.
Aufnahme: Thomas Frister

Rechts: Auch die zweite Maschine der Baureihe 119 war wenig erfolgreich, sie musste ebenfalls schon zeitig den Weg allen alten Eisens antreten. Ab 20. Oktober 1977 wurde sie nach dem Eintreffen vom rumänischen Herstellerwerk „23. August" in Bukarest bei der DR erprobt. Im Gegensatz zu 119 001 besaß sie schon die elektrische Zugheizung. Im März 1980 kam die sie zum Bw Probstzella, um dort die letzten 95 abzulösen. Nach einem reichlichen Jahr reichte die Rbd Erfurt die störanfällige Maschine an das Bw Gera weiter. Auch hier stand die Lok zumeist, wurde im April 1984 z-gestellt und schließlich im September 1985 im Raw Karl-Marx-Stadt zerlegt. Am 26. Juni 1980 ist sie gerade mit dem P 4005 aus Göschwitz/Saale ausgefahren.
Aufnahme: Detlef Hommel

119 017-2

Linke Seite: Die erst wenige Wochen alte 119 017 vom Bw Probstzella hat den Bahnhof Saalfeld/Saale fast erreicht. Am 16. Mai 1980 konnte sie am dortigen Bohlen fotografiert werden. Damals herrschte auf der Fernverkehrsstraße 85 trotz der nachmittäglichen Stunde kein Verkehr.
Aufnahme: Thomas Frister

Oben links: Auf der Schwarzatalbahn (Rudolstadt – Katzhütte) verkehrte fast zwei Jahrzehnte lang ein Schnellzugpaar von und nach Dresden, das zwischen Glauchau und Katzhütte auch von 119 des Bw Gera gefahren wurde. Am 20. Oktober 1984 verlässt 119 165 mit dem D 900 den Bf Sitzendorf-Unterweißbach.
Aufnahme: Willi Weiß

Oben rechts: Die gerade erst frisch abgenommene 119 017 fährt am 17. März 1980 mit P 18004 nach Saalfeld aus dem Bahnhof Lauscha aus. Heute fährt hier kein Zug mehr.
Aufnahme: Detlef Hommel

Rechts: 119 175 und 119 059 vom Bw Dresden repräsentieren die beiden Ausführungen der Stirnfronten mit den unterschiedlich angebrachten dritten Spitzensignal, aufgenommen im August 1984.
Aufnahme: Dieter Wünschmann

Oben links: 1981 erhielt auch das Bw Gera als Ablösung für die Baureihe 118 die ersten 119 zugewiesen. 119 074 macht sich am 21. Mai 1982 auf der Elstertalbahn im Güterzugdienst nützlich. Fotografiert wurde sie beim Verlassen des 54 m langen Lochguttunnels zwischen Wünschendorf und Berga.

Oben rechts: Speziell für die Berufspendler wurde der P 18085 Saalfeld – Leutenberg eingelegt, der am 16. Mai 1985 mit 119 132 (Bw Saalfeld) vor wenigen Minuten den Bahnhof Hockeroda verlassen hat und nun das romantische Sormitztal befährt.

Rechts: Auch auf der Strecke Gera – Erfurt wurde der Großteil aller Reisezüge mit den 119 gefahren. P 6012 hat einen Tag vor Heiligabend 1985 das hübsche Stellwerk „Ko" in Kraftsdorf erreicht. Heute ist es eine Ruine.
Aufnahmen: Willi Weiß

Die Dampflok-Ablösung in Gestalt von 119 075 steht gerade erst angekommen am 6. November 1981 im Bw Saalfeld. Für 01 1514, dahinter 01 0519 und 44 0305 haben die letzten Wochen ihres aktiven Dienstes bei der DR begonnen.
Aufnahme: Thomas Frister

Oben: Die Unterschiede zwischen den beiden Ausführungen der Frontpartien dokumentiert dieses Bild von 119 073 und 119 117 am 29. März 1983 im Bw Gera. **Aufnahme: Detlef Hommel**

Rechte Seite: An „der Saale hellem Strande" rollt 119 022 vom Bw Probstzella mit einem Güterzug unterhalb der Dornburger Schlösser nach Camburg, 13. Juli 1985. **Aufnahme: Thomas Frister**

Oben: Nicht ohne Stolz haben die drei Mitarbeiter der Prüfstelle Dessau der VES-M Halle am 17. Februar 1965 vor dem gerade erst fertiggestellten ET 25 201 Aufstellung genommen. Bei der Gestaltung der Frontpartie standen die modernen DB-Triebwagen ET 30, VT 12 und ETA 176 Pate. Der Einzelgänger stand bei der Deutschen Reichsbahn lediglich sechs Jahre im Dienst. **Aufnahme: Hans Müller**

Die elektrischen Triebwagen der Deutschen Reichsbahn

Elektrische Triebwagen bildeten bei der DR die absolute Ausnahme. Nach dem Wiederaufbau des ET 25 012 entschloss sich die DR in den sechziger Jahren, aus vorhandenen Schadwagen der Niederländischen Staatsbahnen einen modernen Triebwagen aufzubauen, der allerdings nur ein (teures) Einzelstück blieb. Der anfangs dreiteilige ET 25 201 erhielt später noch einen weiteren Mittelwagen und verkehrte zeitweise als vierteiliger Triebzug. In Dienst gestellt wurde das Fahrzeug nach einem kurzem Probeeinsatz am 29. Mai 1965 beim Bw Leipzig Hbf West. Nach nur sechs Jahren wurde es z-gestellt, Teile des Fahrzeugs dienten als Werkstattwagen, bis die letzten Reste zu Beginn der neunziger Jahre verschrottet wurden. Auf dem Bild zeigt sich der im Raw Dessau gebaute Triebzug werkfrisch anlässlich einer Probefahrt Anfang April 1965 in Reichenbach/V ob Bf. **Aufnahme: Hans Müller**

Rechts: Als vierteiliger Triebzug verlässt ET 25 201 im Sommer 1967 den Leipziger Hauptbahnhof.
Aufnahme: Sammlung Michael Malke

Unten links: Den frisch umgezeichneten Triebwagen 285 203/202/201 nahm Dieter Wünschmann im Juni 1970 am Bw Leipzig Hbf West auf. Augenscheinlich befand sich das Fahrzeug ein Jahr vor der z-Stellung (12. Mai 1971) in einem gutem Zustand.
Aufnahme: Dieter Wünschmann

Unten rechts: Bereits 1960 stellte die DR den im Schadpark befindlichen ET 25 012 wieder in Dienst, als Mittelwagen wurde der ebenfalls dort vorhandene Steuerwagen ES 25 008 umgebaut, so dass ein dreiteiliger Triebwagen entstand, der ab 27. Februar 1960 beim Bw Leipzig Hbf West in Betrieb genommen wurde. Auch er hatte kein langes Leben, nach einem Unfall wurde er im Januar 1971 z-gestellt und am 20. Juli 1976 ausgemustert. Das Bild zeigt ET 25 012 am 4. August 1968 als Dt 275 Zwickau – Halle in Zwickau Hbf.
Aufnahme: Günter Meyer

Wurzen
280 005-0
VEB CHEMIEKOMBINAT
BITTERFELD
Halle 2
VEB Chemiefaserkombinat
Schwarza „Wilhelm Pieck“
Halle 3 und Ringmessehaus
MITROPA

Rechts: Kein Erfolg war auch den beiden 1973/74 gebauten Prototypen eines modernen S-Bahn-Triebwagens für die DDR-Bezirksstädte beschieden, die als 280 001/002/004/003 und 280 005/006/008/007 nur wenige Jahre im S-Bahn-Betrieb in Leipzig und Magdeburg erprobt wurden. Bereits zu Beginn der achtziger Jahre wurden die Triebwagen abgestellt und sollten als Dienstwagen für das Elektrifizierungsprogramm umgebaut werden. Der Triebzug 280 001 steht am 28. Dezember 1982 im Bw Leipzig Hbf West, seine Stromabnehmer sind bereits abgebaut.
Aufnahme: Michael Malke

Unten links und rechts: Im Mai 1975 stand der Triebzug 280 005/006/008/007 im S-Bahn-Einsatz zwischen Leipzig Hbf und Wurzen, aufgenommen in Engelsdorf.
Aufnahmen: Dieter Wünschmann

Linke Seite: Ein Bild aus den letzten Einsatzmonaten der Triebzüge: 280 005 wartet am 4. September 1980 in Leipzig Hbf auf die Ausfahrt nach Wurzen.
Aufnahme: Rainer Heinrich

Oben: Einer der bekanntesten elektrischen Inselbetriebe der DR führte von Schleiz nach Saalburg/Saale einschließlich eines Abzweiges von Gräfenwarth zur Sperrmauer des Bleilochstausees. Die 1930 eröffnete, regelspurige und mit Gleichstrom betriebene Kleinbahn wurde 1949 von der DR übernommen, die – wie bei den anderen Strecken auch – die Fahrzeuge in der Nummernreihe ET bzw. EB 188 einordnete. Zum Sommerfahrplanwechsel am 1. Juni 1969 wurde hier der elektrische Betrieb eingestellt und durch LVT, später durch Dieselloks der Baureihe 110 übernommen. Heute ist die Strecke stillgelegt. Das Bild vom 18. September 1964 hat die Ankunft des T 3967 mit dem Triebwagen ET 188 511 in Schleiz festgehalten. Fahrgäste steigen aus, und die Elektro-Karre am letzten Wagen deutet darauf hin, dass Stück- oder Dienstgut aus Saalburg mitgebracht wurde. Der ET 188 511 ist als sehr schön aufgearbeitetes Museumsfahrzeug in Dresden-Altstadt erhalten.
Aufnahme: Günter Meyer

Links: Das Anschriftenfeld des ET 188 512, aufgenommen im Jahr 1969 in Saalburg/Saale. Die letzte Untersuchung hatte der Triebwagen am 30. Dezember 1966 im zuständigen Raw Schöneweide, interessant ist auch die Angabe „Heimat-Bw Saalburg".
Aufnahme: Frieder Hahn

Zu den Räritäten gehörte die nur 4,6 km lange, mit 650 V Gleichstrom betriebene 1000-mm-Strecke von Klingenthal nach Sachsenberg-Georgenthal im Vogtland. 1916 von der Sächsischen Staatsbahn erbaut, endete hier der elektrische Betrieb im Jahr 1964.

Oben links: Keine übliche Straßenbahn ist auf diesem Bild zu sehen, sondern der DR-ET 198 04, der am 12. Juli 1959 durch Klingenthal rumpelt. 1956 und 1957 beschaffte die DR als Ersatz für die alten, verschlissenen Triebwagen aus der Länderbahnzeit neue Wagen vom Waggonbau Gotha, die im wesentlichen denen für die DDR-Straßenbahnbetriebe gefertigten entsprachen. Allerdings besaßen diese Triebwagen statt Warnglocke eine Druckluftpfeife und die DR-Beschriftung.

Oben rechts: ET 198 04 rangiert am 2. April 1964 am Triebwagenschuppen in Sachsenberg-Georgenthal.

Unten: Am 4. September 1960 stand der im Krieg als Tw 21 von der Strecke Mödling – Hinterbrühl in Österreich nach Klingenthal gekommene ET 198 02 auf dem Hubstand in Klingenthal.
Aufnahmen: Günter Meyer

Zu den elektrischen Inselbetrieben der DR gehört auch die heute noch betriebene, sogenannte „Flachstrecke" im Anschluss an die Oberweißbacher Bergbahn von Lichtenhain nach Cursdorf. Die 2,6 km lange Strecke wurde 1922 erbaut und 1949 von der DR übernommen. Am 5. August 1978 standen in Lichtenhain nicht nur der Doppelbeiwagen 190 854/855 (der ehemalige Benzoldoppeltriebwagen „715/716 Cassel"), sondern auch der Steuerwagen 279 203 und der Triebwagen 279 202. Einmalig ist hier, dass die Triebwagen im Regelbetrieb stets über die vorhandene Drehscheibe fahren müssen. **Aufnahme: Thomas Frister**

Ein weiterer sehr bekannter Inselbetrieb mit gleichstrombetriebenen Fahrzeugen unterhielt die DR seit der Übernahme im Jahr 1949 zwischen Müncheberg (an der Strecke Berlin – Küstrin) und Buckow in der Märkischen Schweiz. 1930 war hier der elektrische Betrieb aufgenommen worden, nachdem die ehemals schmalspurige Strecke umgespurt und neu eröffnet worden war. Die drei Trieb- und drei Beiwagen wurden ins DR-Nummernschema als ET 188 501-503 und EB 188 501-503 eingereiht. 1970 bekamen sie die Bezeichnung 279 001-006, wobei die Beiwagen die geraden Ordnungsnummern erhielten. Der Betrieb ist auch hier gegenwärtig eingestellt, die Strecke seit Dezember 1999 stillgelegt.

Oben und links: Im April 1974 rollen die beiden Triebwagen 279 001 und 279 003 durch die schöne märkische Landschaft unweit von Buckow. Die Triebwagen wurden ab 1981 vollständig umgebaut, ebenso wie die Beiwagen, die in Steuerwagen umgerüstet wurden.
Aufnahmen: Dieter Wünschmann

Dieseltriebfahrzeuge auf Schmalspurbahnen

Unmittelbar nach der Fertigstellung wurde die neue Schmalspurdiesellok V 36 4801 im Herbst 1960 bei LKM in Babelsberg fotografiert. **Aufnahme: Sammlung Hans-Joachim Lange**

Als Ersatz für den überalterten Lokpark auf den sächsischen 750-mm-Schmalspurstrecken war im Typenprogramm der DR auch eine Schmalspurdiesellokomotive vorgesehen. Die Entwicklungen der B' B'-dieselhydraulischen Lokomotive mit 2 x 180 PS Leistung begannen 1956. 1960 und 1961 wurden die beiden Baumuster als V 36 4801 und V 36 4802 fertiggestellt und auf den zahlreichen Schmalspurbahnen erprobt. Die zu hohe Radsatzfahrmasse und Mängel in Maschinenanlage und Steuerung zwangen alsbald zum Abbruch der Versuche. Schon 1963 wurde das Projekt aufgegeben, beide Loks wurden 1964 ausgemustert und zerlegt. Folge dieses missglückten Versuchs war der als Rekonstruktion „getarnte" Nachbau zahlreicher Schmalspurdampflokomotiven der sächsischen Gattungen IV K und VI K.

Oben links: V 36 4802 des Bw Wilsdruff steht im März 1962 in Freital-Potschappel.
Aufnahme: Georg Otte/EK-Verlag

Oben rechts: V 36 4801 im Sommer 1961 im Versuchsbetrieb auf dem Wilsdruffer Netz.
Aufnahme: Sammlung Hans-Joachim Lange

Rechts: Das Ende von V 36 4802. Schon ohne Schilder stand die Lok 1964 in Zittau abgestellt. Auch hier vermochte die Maschine nicht zu überzeugen.
Aufnahme: Georg Otte/EK-Verlag

Frisch aufgearbeitet und in oranger Farbgebung lackiert ist am 14. April 1990 die Schmalspurdiesellok 199 008 aus dem Raw Halle im Bw Aue eingetroffen. Sie wurde für die Bedienung des Anschlussverkehrs in Wilischthal benötigt und von der DR am 8. Juli 1987 angekauft.
Aufnahme: Günter Meyer

Aus dem „Sammelsurium" verschiedenartigster DR-Schmalspurdiesellokomotiven, aus der Vorkriegszeit, aus Beständen der 1949 übernommenen Privatbahnen, aus Gelegenheitsübernahmen oder aus späterem Ankauf von Werkbahnen, mögen diese drei Bilder stellvertretend die Vielfalt dieser kleinen Lokomotiven dokumentieren.

Oben links: Die ehemalige Wehrmachtsdiesellok Köf 6003 stand am 18. Oktober 1960 im Zugdienst auf der Strecke Rathenow – Senzke – Paulinenaue, aufgenommen im Bahnhof Selbelang.
Aufnahme: Günter Meyer

Oben rechts: In Wilischthal haben sich im Frühjahr 1991 die beiden Schmalspurdieselloks 199 008 und 199 007 versammelt. Beide Loks wurden von DDR-Industriebetrieben in den Jahren 1987 bzw. 1972 übernommen.
Aufnahme: Günter Meyer

Rechts: 1966 baute LKM in Babelsberg eine Baumusterlok des Typs V 30 C für einen Exportauftrag der Staatsbahn Indonesiens. Diese Maschine verblieb beim Hersteller und wurde 1969 von der DR nach entsprechenden Umbauten erworben. Seit dieser Zeit stand die Lok auf der Harzquerbahn im Einsatz und erhielt die Bezeichnung 103 901, später 199 301. Am 30. März 1974 wurde sie in Wernigerode-Westerntor aufgenommen.
Aufnahme: Gerhard Greß

Oben links: Auf den DR-Schmalspurstrecken fanden sich wie bei den Diesellokomotiven eine ganze Reihe Triebwagen, die alle aus der Vorkriegszeit stammten und ab 1949 in den Bestand der DR gelangten. Auf der Strecke Stralsund – Barth stand im Frühjahr 1959 dieser aus Frankreich stammende VT 137 563 im Dienst.
Aufnahme: Georg Otte/EK-Verlag

Oben rechts: Auf dem Prignitzer Netz bewältigten zwei Wismarer Schienenbusse einen Teil des Personenverkehrs. VT 133 525 verlässt am 12. September 1964 Lindenberg.
Aufnahme: Günter Meyer

Links: Ein Einzelgänger der ganz besonderen Art war der 1950/51 im Bw Dresden-Pieschen aus Teilen lettischer Schmalspurtriebwagen aufgebaute Triebzug VT 137 600, bei dem im achslosen Mittelteil die Motorenanlage untergebracht war. Das Bild zeigt die feierliche Inbetriebnahme des Zuges im Jahr 1951 in Freital-Potschappel.
Aufnahme: Georg Otte/EK-Verlag

Als Gerätetriebwagen überlebte der ehemalige T 1 der Gernrode-Harzgeroder Eisenbahn bei der DR, nachdem er zunächst als VT 133 522 übernommen worden war. Heute ist das 1933 gebaute Fahrzeug im Bestand der HSB und erfreut sich großer Beliebtheit bei Sonderfahrten. Am 31. Januar 1987 stand er als 187 001 in Gernrode abgestellt. **Aufnahme: Michael Malke**

Die neuen Elloks der Baureihen 212/243 und 250

Ab 1982 wurde die Prototyplok der neuen Baureihe 212 ausgiebig im Schnellzugdienst auf der Strecke Berlin – Erfurt erprobt. Am 11. März 1983 hat sie mit dem D 553 den Erfurter Hauptbahnhof erreicht und wird nach einer umlaufbedingten Pause mit dem D 636 die thüringische Stadt wieder verlassen.
Aufnahme: Detlef Hommel

1982 stellte die DR eine neue, moderne elektrische Lokomotive vor, die für das umfangreiche Elektrifizierungsprogramm dringend benötigt wurde. Vorgesehen wurden zwei Bauformen: Als Schnellzuglok der Baureihe 212 mit 140 km/h und als Mehrzwecklok der Baureihe 243 für 120 km/h Höchstgeschwindigkeit. Nach intensiver Erprobung der 212 001 wurde die Lok schließlich im Oktober 1983 durch geänderte Getriebeübersetzung in 243 001 umgezeichnet; für eine 140 km/h schnelle Lok gab es infolge der Streckeninfrastruktur keinen Bedarf. Die Baureihe 243 wurde dann ab 1984 in über 600 Exemplaren in Serie gebaut.

Oben links: Eine der ersten Versuchsfahrten mit der noch nagelneuen „Weißen Lady" fanden am 10. Juli 1982 auf der Strecke Halle/Saale – Erfurt vor einer 250 und ihrem Ganzzug statt. Das Bild entstand an der Einfahrt des Bahnhofs Naumburg/Saale.
Aufnahme: Michael Malke

Oben rechts: Zahlreiche Versuchsfahrten musste die neue Lok auch auf der steigungsreichen Strecke Reichenbach/Vogtl – Dresden absolvieren. Am 9. Februar 1984 steht sie schon als 243 001 vor einer 250 an einem Schnellzug nach Dresden in Zwickau Hbf.
Aufnahme: Rainer Heinrich

Rechts: 243 001 blieb im Eigentum des Herstellers, der die Lok auch heute noch für Versuchszwecke nutzt. Am 27. Oktober 1986 steht die Lok in neuer Farbgebung im Raw Dessau.
Aufnahme: Sammlung Detlef Hommel

Auf dem Weg von Dresden nach Reichenbach/Vogtl hat 243 001 mit einem Schnellzug am 11. März 1984 den Bahnhof Niederwiesa erreicht. **Aufnahme: Gerhard Greß**

Oben: Die Deutsche Reichsbahn musste stets improvisieren, beispielsweise, wenn Tauschteile nicht vorrätig waren. 1986 konnte man immer wieder eine 243 sehen, die mit nur einem Stromabnehmer über die Gleise fuhr. Beispielsweise am 14. Juli 1986 die 243 045 vom Bw Reichenbach, die nahe Steinpleis fotografiert wurde.

Rechts: Die nicht mehr benötigten Wasserkräne kündeten noch lange in Reichenbach/Vogtl ob Bf von der längst beendeten Dampflokzeit. Für ein Bild mit der gerade erst neu abgelieferten 243 058 (i.D. 24. Juli 1985) bot er sich allerdings als symbolträchtiger Kontrast geradezu an. Wenige Monate später war auch dieses Zeugnis der alten Eisenbahn verschwunden.
Aufnahmen: Thomas Frister

Oben links: Am 27. Mai 1989 begann auch auf der Insel Rügen der elektrische Betrieb. Der vierte mit Ellok gefahrene Zug war am Tag des Fahrplanwechsels der D 910 von Dresden nach Binz, der nahe Lietzow mit 243 897 vom Bw Stralsund aufgenommen wurde.
Aufnahme: Hans-Joachim Lange

Oben rechts: 243 591 hatte am 27. Mai 1990 die Ehre, den ersten IC von Leipzig nach Frankfurt/Main zwischen der DDR-Messestadt und Erfurt Hbf zu ziehen. In Erfurt Hbf war damals noch Lokwechsel, denn der durchgehende elektrische Betrieb in Richtung Bebra wurde erst fünf Jahre später aufgenommen.
Aufnahme: Detlef Hommel

Links: Zu „Orient-Express-Ehren" kam 243 118 am 24. November 1988. Der aus Richtung Bebra in Erfurt Hbf eingetroffene Luxuszug für (Devisen-) zahlende Reisende wurde von der DR-Neubauellok nach Leipzig gezogen.
Aufnahme: Detlef Hommel

Rechte Seite: Lang waren einst bei der DR auch die Personenzüge. P 5643 nach Dresden steht am 30. Juli 1985 in Reichenbach/Vogtl ob Bf mit 243 007 zur Abfahrt bereit.
Aufnahme: Willi Weiß

Hochspannung
Vorsicht!
Lebensgefahr
DR
243 007-2

Knapp ein Jahr war 250 001 bereits in Dienst, als sie am 10. August 1975 bei Saaleck mit einem Schnellzug nach Erfurt am Fotografen vorbeirauschte. **Aufnahme: Herbert Schneider**

Bereits in den sechziger Jahren plante die DR den Bau einer schweren und leistungsfähigen elektrischen Güterzuglokomotive mit der Achsfolge Co'Co'. 1974 konnten die ersten drei Baumusterloks der DR übergeben werden. Die Serienlieferung der restlichen 270 Maschinen dauerte bis 1984. Die Deutsche Reichsbahn setzte die Maschinen nicht nur im schweren Güterzugdienst ein, planmäßig wurden sie auch im Schnellzugdienst verwendet.

Oben: Am 19. Juli 1975 stand Magdeburg Hbf auf dem Dienstplan von 250 001. Fotografiert wurde die neue Maschine beim Bespannen eines Schnellzuges nach Leipzig.
Aufnahme: Detlef Hommel

Links: Werksneu zeigt sich die schwere Güterzuglokomotive im Sommer 1975 im Bw Halle P neben 244 124 und 242 115. Das Bild ermöglicht auch einen eindrucksvollen Vergleich in der Formgestaltung elektrischer Lokomotiven dreier Generationen.
Aufnahme: Dieter Wünschmann

Fast werksneu und noch ohne Betriebsspuren steht 250 043 im Juni 1978 im Bahnhof Altenburg; beste Gelegenheit für den Lokführer, die neue Maschine im Bild festzuhalten. **Aufnahme: Dieter Wünschmann**

Links: Die dritte Baumusterlok, 250 003, wurde im Jahr 1976 im schweren Schnellzugdienst auf der Strecke Dresden – Reichenbach/Vogtl erprobt. Am 4. Juli 1976 hat sie mit dem D 466 nach München gerade die Signalbrücke des Bahnhofs Glauchau unterquert und eilt dem nächsten Haltebahnhof, Zwickau Hbf, zu.
Aufnahme: Thomas Frister

Rechts: Gleich zwei Lokomotiven der Baureihe 250 mühen sich am 28. Juni 1986 nahe Steinpleis vor einem langen Kohlenzug ab. 250 095 und 250 029 werden in etwa zehn Minuten den Güterbahnhof von Zwickau erreichen. Dort werden die mit Briketts beladenen Wagen weiter verteilt oder gehen auf Nahgüterzüge über. Vorschriftsmäßig ist bei der führenden Lokomotive der vordere, bei der Zuglokomotive der hintere Stromabnehmer aufgebügelt.
Aufnahme: Thomas Frister

Rechts: Wegen Bauarbeiten auf dem Streckengleis Großheringen – Bad Kösen musste 250 236 auf dem linken Streckengleis fahren. Am 28. April 1980 erreicht sie mit einem langen Leerzug das Stellwerk des Abzweigs Saaleck, das Ende der dreißiger Jahre im Zuge der Elektrifizierung der Saale- und Frankenwaldbahn errichtet und 1996 abgebrochen wurde. 250 236 gehörte übrigens zu den Maschinen der Baureihe 250, die mit der auffälligen himbeerroten Farbgebung geliefert wurden.
Aufnahme: Detlef Hommel

Links: Die beiden schweren Co' Co'-Elloks der DR nebeneinander im Bild festzuhalten, war meistens dem Zufall geschuldet. Im Oktober 1982 überholt 250 188 mit einem Ganzzug aus Gaskesselwagen im Bahnhof Bad Kösen die „auf die Seite" genommene 254 016. Hinter dem „Eisenschwein" werden auf dem ersten Wagen Feldküchen für die NVA oder die „Kampfgruppen" der DDR-Betriebe befördert. Die damals noch übliche Konstruktion der Fahrleitung mit Quertragwerken, die sich unauffällig in die Landschaft einfügte, ist auf diesem Bild gut zu sehen.
Aufnahme: Gerhard Greß

250 019 besaß kein weiß lackiertes Lüfterband, sondern die flache Morgensonne des 14. Oktober 1983 erzeugte diese Reflexe bei der über den Römertalviadukt fahrenden Maschine. **Aufn.: Thomas Frister**

Oben links: Die drei Bilder auf dieser Seite zeigen, dass die DR die leistungsstarken Lokomotiven der Baureihe 250 auch gern im Reisezugdienst einsetzte. 250 228 hat am 1. Juni 1985 den D 452 nach Frankfurt/Main am Haken und durchfährt hier den hübschen Bahnhof Bad Kösen im Saaletal.

Oben rechts: Auch 250 103 stand an einem Julitag des Jahres 1983 im Schnellzugdienst. Mit dem D 455 von Frankfurt/Main nach Görlitz rollt sie über die alten Saale-Flutbrücken beim Abzweig Saaleck in Richtung Naumburg.

Rechts: Selbst vor kurzen Personenzügen halfen die 250 umlaufbedingt aus. Damals galt noch der Grundsatz der effektiven Verwendung einer Lokomotive zur Vermeidung von Lz-Fahrten, und da waren solche Leistungen nicht unbedingt die Ausnahme. 250 195 nähert sich am 11. Juni 1983 mit dem P 3534 der Blockstelle Schulpforte.
Aufnahmen: Willi Weiß

Das letzte Bild in diesem Band führt uns in das frühlingshafte Elbtal bei Königstein. Im Mai 1979 rollt dort 250 045 mit einem Güterzug in Richtung Bad Schandau. **Aufnahme: Dieter Wünschmann**